INSCRIPTIONES GRAECAE

CONSILIO ET AUCTORITATE

ACADEMIAE SCIENTIARUM
BEROLINENSIS ET BRANDENBURGENSIS

EDITAE

AUCTARIUM

SERIES NOVA
VOLUMEN DECIMUM

DE GRUYTER
MMXXV

DELOS UND DELPHI

Wege und Irrwege zweier deutsch-französischer Inschrifteneditionen

Jürgen von Ungern-Sternberg

DE GRUYTER
2025

Dieser Band wurde im Rahmen der gemeinsamen Forschungsförderung von Bund und Ländern im Akademienprogramm mit Mitteln des Bundesministeriums für Bildung und Forschung und der Senatsverwaltung für Wissenschaft, Gesundheit, Pflege und Gleichstellung des Landes Berlin gefördert.

UNION
DER DEUTSCHEN AKADEMIEN
DER WISSENSCHAFTEN

berlin-brandenburgische
AKADEMIE DER WISSENSCHAFTEN

ISBN 978-3-11-156035-9
e-ISBN (PDF) 978-3-11-156084-7

Bibliographische Information der Deutschen Nationalbibliothek

Die Deutsche Nationalbibliothek verzeichnet diese Publikation in der Deutschen Nationalbibliografie; detaillierte bibliografische Daten sind im Internet über http://dnb.dnb.de abrufbar.

Library of Congress Control Number: 2024943160

Satz: WMTP Wendt-Media Text-Processing GmbH, Birkenau
Druck und Bindung: CPI Books GmbH, Leck

www.degruyter.com

Inhaltsverzeichnis

Vorwort

Die hiermit vorgelegte Abhandlung ist ein Teil jahrzehntelanger Studien zu den Beziehungen deutscher und französischer Altertumswissenschaftler seit dem 19. Jahrhundert bis nach dem Ersten Weltkrieg. Die teils gelungene, teils misslungene deutsch-französische Zusammenarbeit bei der Edition der Inschriften von Delos und Delphi ist ein besonders lehrreiches Beispiel für Chancen und Problematik dieser Beziehungen.

Zu danken ist zunächst Klaus Hallof, der nicht nur die Archivbestände der Arbeitsstelle Inscriptiones Graecae der Berlin-Brandenburgischen Akademie der Wissenschaften (Archiv IG) mir zur Verfügung gestellt hat, sondern auch in freundlichster Weise viele andere von ihm bereits gesammelte Materialien und die Arbeit mit stetigem Interesse und wertvollen Hinweisen bis hin zur Drucklegung begleitet hat. Sehr wertvoll ist sein Beitrag zur Person Pomtows in diesem Bande. Zu danken ist ferner dem Archiv der Berlin-Brandenburgischen Akademie (AW) wie dem Archiv (AIF), der Bibliothek (BIF) und dem Fonds Louis Robert mit seiner Leiterin Béatrice Meyer des Institut de France, den Archives Nationales in Paris (AN), der Preußischen Staatsbibliothek zu Berlin, dem Archiv des Deutschen Archäologischen Instituts in Berlin und dem Archiv der Niedersächsischen Staats- und Universitätsbibliothek Göttingen (GÖ). Die Fondation ‚Maison des sciences de l'homme', hat in großzügiger Weise die Archivstudien in Paris durch einen einmonatigen Aufenthalt im internationalen Begegnungszentrum ‚Maison Suger' gefördert, wofür ich ebenfalls sehr danke.

An sich war vorgesehen und ist mehrfach auch angekündigt worden, dass das Kapitel über Delphi in Zusammenarbeit mit Anne Jacquemin verfasst werden sollte. Wir haben wiederholt uns darüber ausgetauscht und ich verdanke diesem Austausch wesentliche Anregungen. Leider ist es nun zu der Zusammenarbeit nicht gekommen. Es bleibt zu hoffen, dass Anne Jacquemin ihre hervorragenden Kenntnisse Delphis und seiner Forschungsgeschichte für diese Thematik noch nutzbar machen wird. Insbesondere wäre eine Darstellung der Erforschung der Topographie von Delphi sehr notwendig. Der wissenschaftliche Beitrag Hans Pomtows auf diesem Gebiet konnte hier nur sehr punktuell erwähnt werden.

Möge dieser Rückblick auf die Vergangenheit dazu behilflich sein, die heute bestehenden guten Beziehungen zwischen deutschen und französischen Altertumswissenschaftlern weiterhin zu pflegen und zu vertiefen.

Riehen, zu Ostern 2024 *Jürgen v. Ungern-Sternberg*

https://doi.org/10.1515/9783111560847-203

Teil I: Inscriptiones Delphorum (IG VIII)
Vom Scheitern eines deutsch-französischen Projekts

„La science est faite pour rapprocher et unir,
elle ne connaît pas de haine,
elle exclut toute pensée de rivalité;
le but est le même pour tous."
Théophile Homolle 1891*

1. Die Vorgeschichte des Vertrags von 1899

I

Die Katastrophe des Ersten Weltkriegs hat vergessen lassen, dass es zuvor, im ‚langen Jahrhundert' zwischen 1815 und 1914, unter deutschen und französischen Altertumswissenschaftlern viele freundschaftliche Beziehungen, ja eine fruchtbare Kooperation, gegeben hat, die selbst vom Krieg 1870/71 nur für wenige Jahre unterbrochen worden ist. Seit einiger Zeit hat aber die wissenschaftsgeschichtliche Forschung begonnen, diese *transferts culturels* zu untersuchen und hat dazu schon wichtige Beiträge geleistet.[1]

Die Notwendigkeit einer Zusammenarbeit machte sich schon frühzeitig insbesondere auf dem Gebiet der Epigraphik geltend, auf dem die Fülle des durch Surveys und Grabungen sich stetig vermehrenden Materials von Einzelnen, auch von einzelnen Nationen, gar nicht bewältigt werden konnte, erst recht nicht, wenn man sich daran machte, dieses in Form großer Corpora zu publizieren. Bahnbrechend war auch in dieser Hinsicht das von Theodor Mommsen geleitete *Corpus Inscriptionum Latinarum* (CIL), für das sehr bald Léon Renier gewonnen werden konnte – der sich freilich nach 1870 zurückzog – und in dessen Rahmen René Cagnat seit 1882 lange Jahre die nordafrikanischen Inschriften in fruchtbarer Zusammenarbeit mit Johannes Schmidt und Hermann Dessau bearbeitet hat.[2] In Wahrheit war freilich die Zusammenarbeit sehr viel wei-

* Das Motto aus: Théophile HOMOLLE, „Institut de correspondance hellénique", *BCH* 15, 1891, 431–440, hier 436.

1 Michel ESPAGNE – Michael WERNER (Hrsg.), *Transferts. Les relations interculturelles dans l'espace franco-allemand (XVIIIe–XIXe siècles)*, Paris 1988; Stefan REBENICH – Barbara VON REIBNITZ – Thomas SPÄTH (Hrsg.), *Translating Antiquity. Antikebilder im europäischen Kulturtransfer*, Basel 2010.

2 Jürgen VON UNGERN-STERNBERG, „Theodor Mommsen und Frankreich", in: Jürgen VON UNGERN-STERNBERG, *Les chers ennemis. Deutsche und französische Altertumswissenschaftler*

https://doi.org/10.1515/9783111560847-001

ter gehender, wie ein Blick auf die zahlreichen Korrespondenzen lehrt, die Mommsen mit französischen Kollegen über Inschriftenfunde geführt hat;[3] insbesondere war er für den Band CIL III (Donauprovinzen und der Osten des Imperium Romanum) auf entsprechende Mitteilungen angewiesen.

Im Bereich der griechischen Inschriften hatte das von August Boeckh im Jahre 1815 initiierte *Corpus Inscriptionum Graecarum* (CIG) zwar Pionierarbeit geleistet, danach aber konzentrierte sich das Unternehmen unter der Leitung von Adolf Kirchhoff (1860–1902) auf die Neubearbeitung der attischen Inschriften, vor allem durch Ulrich Koehler. Erst sehr allmählich wandte man sich anderen Bereichen zu, womit sich unvermeidlich auch die Frage der internationalen Zusammenarbeit stellte. Allerdings begann diese in sehr spezieller Weise und führte auch zu unerwarteten Ergebnissen. Teilweise erfolgreichen wie im Falle der Inschriften von Delos, wovon im zweiten Kapitel dieses Buches gehandelt wird, zu einem absoluten Misserfolg jedoch im Falle der Inschriften von Delphi. Das Zustandekommen des desbezüglichen Abkommens zwischen den Akademien von Berlin und Paris, dessen Scheitern und die wissenschaftlichen Folgen dieses Scheiterns sind hier darzustellen.

Abb. 1 Delphi. Panoramabild. Photo von Hans Pomtow (1906), Archiv IG.

in Rivalität und Zusammenarbeit, Stuttgart 2017, 150–152; Ève Gran-Aymerich, „Épigraphie française et allemande au Maghreb entre collaboration et rivalité (1830–1914)", *Mitt. d. Deutschen Archäologischen Instituts, Römische Abteilung* 117, 2011, 567–600, bes. 588 ff.; Stefan Rebenich, „Berlin und die antike Epigraphik", in: Werner Eck – Peter Funke – Marcus Dohnicht – Klaus Hallof – Matthäus Heil – Manfred Schmidt (Hrsg.), *Öffentlichkeit – Monument. – Text. XIV Congressus Internationalis Epigraphiae Graecae et Latinae 27.–31. August 2012*, Berlin 2014, 7–75, bes. 30–31.

3 Ève Gran-Aymerich, „Theodor Mommsen (1817–1903) et ses correspondants français: La ‚fabrique' internationale de la science", *Journal des Savants* 2008, 177–225. So hat z.B. Auguste Allmer viele Jahre lang Mommsen über die Inschriftenfunde in Südfrankreich informiert.

II

Mit der Wiederentdeckung des antiken Griechenlands im 19. Jahrhundert begann auch die Ruinenstätte des im Altertum hochberühmten Orakels von Delphi die Aufmerksamkeit der Wissenschaft auf sich zu ziehen. Unter den ersten waren Heinrich Nicolaus Ulrichs[4] und der Göttinger Gelehrte Carl Otfried Müller, der 1840 die von Inschriften bedeckte polygonale Mauer der Tempelterasse entdeckte, bei deren Freilegung er sich indes in glühender Sonne eine Hirnentzündung zuzog, der er kurz darauf erlegen ist. Die Inschriften wurden von seinem Reisebegleiter Ernst Curtius publiziert.[5]

Dies war aber erst der Anfang. Mit den Worten von Carl Wescher: „Ce mur, à la découverte duquel s'attache le nom glorieux d'Ottfried (sic) Müller, a été l'objet de trois explorations successives."[6] Eine ziemlich desaströse Freilegung unternahm um 1860 ein in Delphi wohnender *capitaine* Frango oder Franco, deren Resultate von Alexander Conze und Adolf Michaelis veröffentlicht wurden,[7] weitere folgten in Campagnen, die seit 1860 im Namen der École Française d'Athènes von Paul Foucart und Carl Wescher vorgenommen wurden,[8] und im Jahre 1880 durch Bernard Haussoullier, der einen Teil seiner Resultate in acht Artikeln publiziert hat.[9]

4 Heinrich Nicolaus ULRICHS, *Reisen und Forschungen in Griechenland*, Bd. 1, Bremen 1840.

5 Ernst CURTIUS, *Anecdota Delphica*, Berlin 1843; s. dazu Klaus FITTSCHEN, „Karl Otfried Müller und die Archäologie", in: William M. CALDER III – Renate SCHLESIER (Hrsg.), *Zwischen Rationalismus und Romantik. Karl Otfried Müller und die antike Kultur*, Hildesheim 1998, 187–216 (auch zur Benutzung der Untersuchungen Müllers durch Pomtow).

6 Carl WESCHER, „Étude sur le monument bilingue de Delphes suivie d'éclaircissements sur la découverte du mur oriental". *Mémoires ... l'Académie des Inscriptions et Belles-Lettres*, Paris 1868, 129.

7 Alexander CONZE – Adolf MICHAELIS, „Rapporto d'un viaggio fatto nella Grecia nel 1860", *Annali dell'Instituto di Corrispondenza archeologica* 33, 1861, 66–74. Nach einer Reise 1873 veröffentlichte auch Georg Kaibel einige delphische Inschriften: *Tituli Phocici et Boeotici inediti*, Hermes 8, 1874, 412–430 (unter Mitwirkung von Wilamowitz).

8 Carl WESCHER – Paul FOUCART, *Inscriptions recueillies à Delphes*, Paris 1863; Paul FOUCART, *Mémoire sur les ruines et l'histoire de Delphes*, Paris 1865.

9 *BCH* 5–7, 1881–1883.

Abb. 2 Die neu erbaute Siedlung Neoi Delphoi. Postkarte des Verlages A. B. Paschas, Patras (vor 1906). Archiv IG.

III

Das französische Interesse an Delphi war also bereits deutlich.[10] Zudem verstärkten sich allmählich die Bemühungen, dort eine große Grabung zu unternehmen, auch – und das war ein *cantus firmus* bei den einschlägigen Überlegungen – als Ausgleich zu der so erfolgreichen und entsprechend auch propagierten[11] deutschen Grabung in Olympia.[12] Noch indes stand Delphi allen Inter-

10 Jean Marcadé, „Delphes retrouvé", in: *Commémoration du centenaire de la Grande Fouille de Delphes par l'École Française d'Athènes*, SB ABIL, 1992, Nr. 16, 25–33.

11 Dazu in: Helmut Kyrieleis (Hrsg.), *Olympia 1875–2000. 125 Jahre Deutsche Ausgrabungen*, Mainz 2002: Rüdiger vom Bruch, „Internationale Forschung, Staatsinteresse und Parteipolitik. Die Olympia-Ausgrabungen als frühe Phase deutscher auswärtiger Kulturpolitik", 9–17; Lutz Klinkhammer, „Großgrabung und große Politik. Der Olympia-Vertrag als Epochenwende", 31–47; Bernd Sösemann, „Olympia als publizistisches National-Denkmal. Ein Beitrag zur Praxis und Methode der Wissenschaftspopularisierung im Deutschen Kaiserreich", 49–84; Hinnerk Bruhns, „Grecs, Romains et Germains au XIXe siècle: quelle Antiquité pour l'État national allemand?", *Anabases* 1, 2005, 17–43, hier: 32–33 (mit weiterer Lit.).

12 Das lässt sich an der Korrespondenz der Direktoren der École française d'Athènes mit dem Minister gut aufzeigen. Émile Louis Burnouf berichtete am 27. Mai und am 19. Juni 1874 über den so vorteilhaften Vertrag der Deutschen in Olympia. Beiliegend findet sich auch ein Brief von Olivier Rayet vom 3. Juni, der zur Kompensation von Olympia ein französisches Unter-

essierten offen. Und so wurde es von Wilhelm Dittenberger in seine Sammlung der Inschriften Mittelgriechenlands einbezogen, die er seit 1882 im Auftrag der Berliner Akademie für eine neue Edition des CIG in Angriff nahm. Wohl in seinem Auftrag sollte Hans Pomtow (1859–1925) die bis dahin publizierten Inschriften von Delphi überprüfen.[13]

nehmen u. a in Delphi vorschlug (AN F 17/4105 d-6). Foucart berichtete am 2. Juli 1879 von einem Besuch zweier Mitglieder der École in Olympia. Sie seien sehr höflich empfangen worden und die deutschen Gelehrten hätten die Hoffnung ausgedrückt, die Franzosen möchten doch das Heiligtum von Delphi ausgraben (AN F/174109 d3). Am 18. Februar 1881 setzte sich Foucart bei seinem Vorgänger Albert Dumont für eine Grabung in Delphi ein: „Vous comprenez qu'il ne faudrait pas laisser échapper une occasion de répondre aux fouilles d'Olympie" (AN F 17/4105 d-7). Die Belege lassen sich leicht vermehren; zum Teil sind sie freilich gewiss taktischer Natur: Mit dem Hinweis auf „les Allemands en Olympie" war es leichter, Minister und Parlament in Paris Geld zu entlocken. „La meilleure justification de demandes de crédits s'appellerait désormais le ‚péril allemand'": Jean-Marc DELAUNAY, „La recherche archéologique, une manifestation de puissance? L'archéologie et les archéologues au cœur des relations internationales contemporaines. L'École française d'Athènes, un haut lieu du nationalisme français?", in: Roland ÉTIENNE (Hrsg.), *Les politiques de l'archéologie du milieu du XIXe siècle à l'orée du XXIe*, Athen 2000, 128. Bisweilen wird ein deutsches Interesse an einer großen Grabung in Delphi behauptet: Pierre AMANDRY, „Fouilles de Delphes et raisins de Corinthe: histoire d'une négociation (1881–1891)", in: Olivier PICARD (Hrsg.), *La redécouverte de Delphes* 1992, 125 Anm. 25 stellt aber klar fest, dass es dafür keine belastbaren Belege gibt.

13 Im Jahre 1882 hatte Kirchhoff in den Sitzungsberichten (SB Ak. Berlin, 1883, 311) den Beginn eines neuen Projekts im Rahmen der IG angekündigt: Es haben „Vorarbeiten zur Herstellung eines Corpus der Inschriften Nordgriechenlands und der angrenzenden Gebiete, einschliesslich der Nordgestade des Pontus, begonnen, deren Redaction Prof. Dittenberger in Halle übernommen hat." Die Bände sollen einen eigenen Titel haben: Corpus Inscriptionum Graecarum Graeciae septentrionalis (C.I.G.S.) und in dem bereits beim Corpus der Inschriften von Athen und Attika erprobten „Tandem-Verfahren" entstehen, bei dem durch einen Mitarbeiter vor Ort die Autopsie erfolgte, durch den Herausgeber in Deutschland die Edition (in diesem Fall durch Dittenberger, der seit 1874 Professor an der Universität Halle war), durch die Preußische Akademie und das zuständige Akademiemitglied (Kirchhoff) die Revision des Manuskripts und die Drucklegung. Von dem Mitarbeiter vor Ort erwartete man die Überprüfung der bereits edierten Inschriften (wozu Dittenberger Abschriften dieser Texte herstellte und nach Athen schickte), die Aufnahme neuer Inschriften und gegebenenfalls die Anfertigung von Abklatschen. Dittenberger selbst beschreibt das Verfahren in der Praefatio zum Corpus von Boiotien (IG VII p. V). Ausdrücklich nicht erwünscht war, dass der Mitarbeiter vor Ort über die Abschriften hinaus sich selbst mit der Ergänzung, Interpretation und Edition seiner Neufunde befasse. Diese restriktive Forderung hat nur einer in gewünschter Weise erfüllt: Habbo G. Lolling, der in den Jahren 1885–1887 Mittelgriechenland im Auftrag der Akademie bereiste (K. HALLOF, „Lolling und das Inschriftenwerk der Berliner Akademie", in: K. FITTSCHEN (Hrsg.), *Historische Landeskunde und Epigraphik in Griechenland. Akten des Symposiums, veranstaltet aus Anlaß des 100. Todestages von H. G. Lolling (1848–1894) in Athen vom 28. bis 30. 9. 1994*, Münster 2007, 25–58). Eine derartige Selbstverleugnung brachten andere nicht auf. So beklagte sich der später in den Jahren 1895–1897 von der Akademie für ähnliche Aufgaben angestellte Adolf Wilhelm in einem Brief an Wilamowitz bitter über die fatalen Auswirkungen (28. Oktober 1902, im Archiv der BBAW): „Dass Professor Kirchhoff Material und Abschriften wünschte, Mittheilungen über Zusammensetzungen usw. aber nicht, hat meinen Ei-

Offenbar ist aber schon rasch nach der Aufnahme der Arbeiten am C.I.G.S. die Entscheidung gefallen, Delphi aus Dittenbergers Verantwortung herauszunehmen (es findet sich im Archiv der IG keine einzige Schede Dittenbergers zu delphischen Inschriften) und an Pomtow zu übertragen, vielleicht schon 1884, als ihn eine Reise im Mai dieses Jahres an den Ort führte, der zu seinem Schicksal werden sollte; definitiv aber drei Jahre später, als nach einer weiteren Reise im Frühjahr 1887 ihm im Juli durch seinen akademischen Lehrer Adolf Kirchhoff (Abb. 3)[14] die Edition der delphischen Inschriften im Rahmen des von der Preußischen Akademie der Wissenschaften herausgegebenen CIG anvertraut wurde.[15] Dabei sollte er, wie Kirchhoff im Jahre 1904 Ulrich von Wilamowitz-Moellendorff gesprächsweise bestätigt hat, nur das Material mit einem ganz knappen Kommentar und ohne weitere Verarbeitung zusammenstellen.[16] Eine dritte Reise unternahm er von September bis Dezember 1887 zusammen mit einer Hilfskraft, dem Studenten Warmbier,[17] bereits im Auftrag der Akademie.

Bei diesen Reisen hat Pomtow nicht nur umfangreiches, zu einem großen Teil noch unediertes Inschriftenmaterial gesammelt, sondern zugleich in grundlegender Weise sich um die Topographie des Ortes einschließlich des damals noch zwischen und über den Ruinen befindlichen Dorfes Kastri bemüht, um die Fundorte der Inschriften genau angeben zu können. Frucht dieser Studien waren seine *Beiträge zur Topographie von Delphi* (Berlin 1889) mit noch immer relevanten Plänen des gesamten Ortes wie der Polygonalmauer und der Mauer des Theaters.

Pomtow war bereits im Jahre 1887 klar, dass die Franzosen die Ausgrabung Delphis planten.[18] Das mag z. T. die Heftigkeit erklären, mit der er in der Ein-

---

fer verwundet.“ Wilamowitz selbst spricht von „Lollings nackten Copieen“; dazu K. HALLOF, „A. Wilhelm und die Preussische Akademie der Wissenschaften zu Berlin“, in: A. P. Matthaiou (Hrsg.), Ἀττικαὶ ἐπιγραφαί. Πρακτικὰ συμποσίου εἰς μνήμην *Adolf Wilhelm* (*1864–1950*), Athen 2004, 53–74. Auch Pomtow hat sich damit nicht abgefunden (unten Anm. 26).

14 Pomtow wurde mit der Dissertation: *De oraculis quae exstant Graecis trimetro iambico compositis*, Berlin 1881 promoviert.

15 Hierzu wie zu den folgenden Ereignissen ist immer der ausführliche „Bericht über die Bearbeitung der delphischen Bände des C.I.G.S.“ heranzuziehen, den Pomtow am 21. Juli 1904 zusammen mit einem, weitere Ausführungen enthaltenden Begleitschreiben an die Epigraphische Kommission der Kgl. Preußischen Akademie der Wissenschaften gerichtet hat (Archiv IG).

16 Gesprächsprotokoll von Wilamowitz vom 15. August 1904; vgl. die Postkarte Kirchhoffs an Wilamowitz vom 10. August 1904.

17 Wohl Ernst Warmbier (1868–), der mit der Arbeit: *Studia Heraclitea*, Berlin 1891 promoviert wurde. Seit 1921 war er Direktor des städtischen Gymnasiums in Berlin.

18 In seiner Postkarte vom 23. September 1887 aus Delphi an Kirchhoff (ABBAW, Akten PAW II–VIII, 88) hielt er freilich zumindest die baldige Realisierung dieser Pläne noch für fraglich. Und auch am Schluss seines Vortrags „über seine Untersuchungen auf dem Boden des alten Delphi“ vor der Berliner Archäologischen Gesellschaft im Herbst 1887 wies er vor den ein-

leitung (1–12) zu seinen ‚Beiträgen' die bisherigen französischen Bemühungen um die delphischen Inschriften kritisierte. Salomon Reinach reagierte darauf seinerseits mit reiner Polemik.[19] Souveräner verhielt sich Bernard Haussoullier, der zunächst die Verdienste Pomtows um die Topographie Delphis klar herausstellte, um sich dann ebenso gegen dessen Angriffe zu verwahren.[20]

Abb. 3 Adolf Kirchhoff (1825–1908), Leiter des Corpus Inscriptionum Graecarum von 1860 bis 1902. Photo von R. Dürkopp, 1906. Archiv der BBAW.

Abb. 4 Théophile Homolle (1848–1925). Photo aus dem Besitz von Friedrich Hiller von Gaertringen. Archiv IG.

flussreichen Mitgliedern des DAI nochmals darauf hin, „dass planmäßige Ausgrabungen Resultate ergeben würden, welche an Mannigfaltigkeit und Interesse, an Umfang und Reichhaltigkeit den Funden in Olympia nicht nur nicht nachstehen, sondern in gewissem Sinne dieselben übertreffen würden." (*Wochenschrift für klassische Philologie* 4, 1887, 1052).

19 *RA* 1889 II, 109–110; 1890 I, 276, wo er auch auf deutsche Kritiker verweisen kann. Zu diesen ist insbesondere Friedrich Koepp, *GGA* 1891, 226–232 zu zählen. In *RA* 1888 I, 72–75 hatte Reinach die geplante Inschriftensammlung Pomtows noch ohne jede Problematisierung begrüßt und seine topographischen Forschungen aufgrund der Vorpublikation in der *Philologischen Wochenschrift* 1887, 1326–1328 sachlich vorgestellt.

20 *Revue Critique d'histoire et de littérature* 23, 1889, 119–122.

IV

Pomtow erwähnt in seinem Bericht von 1904, dass bereits im Februar 1888 Theodor Mommsen als Leiter des CIL gegen seine Beauftragung mit der Edition der delphischen Inschriften Einspruch erhoben habe. Leider teilt er nichts über die Gründe mit. Möglicherweise geben aber die Briefe von Théophile Homolle (1848–1925) an Mommsen Aufschluss über den Hintergrund von dessen Demarche.[21]

Homolle (Abb. 4) war von 1878 bis 1888 Leiter der französischen Ausgrabungen auf der Insel Delos und hat in dieser Eigenschaft Mommsen mit Briefen vom 17. September 1882 und 12. Oktober 1883 Auskünfte über griechische und lateinische Inschriften gegeben. Während einer Reise Mommsens nach Paris im Jahre 1885 haben sie sich auch persönlich kennen gelernt,[22] offenbar doch mit solcher Intensität, dass Homolle sich in der Folgezeit mehrfach verhältnismäßig ausführlich zu den Problemen der deutsch-französischen Beziehungen geäußert hat.[23] Er machte seinerseits im November 1887 einen Besuch in Berlin und wurde am 17. November zum Korrespondierenden Mitglied der Philosophisch-Historischen Klasse der Kgl. Preußischen Akademie der Wissenschaften gewählt.

Hatte Homolle im Brief vom 4. Januar 1887 allgemein davon geschrieben, dass er im Begriff sei, mit einem Verlag einen Vertrag über die Publikation der Ausgrabungen von Delos mitsamt den Inschriften zu schließen, so hat er danach mit Mommsen über die Möglichkeit gesprochen, die Inschriften von Delos im Rahmen des CIG zu publizieren. Jedenfalls schrieb er ihm am 22. Oktober 1888: „M. Fougères a été malade et on me dit qu'il l'est encore; je dois le re-

21 Diese Briefe befinden sich im Nachlass Mommsen in der Staatsbibliothek zu Berlin, Preußischer Kulturbesitz. Es muss weitere gegeben haben, wie etwa aus dem Brief von Wilamowitz an Mommsen vom 9. Juli 1882 hervorgeht: William M. CALDER – Robert KIRSTEIN, *„Aus dem Freund ein Sohn". Theodor Mommsen und Ulrich von Wilamowitz-Moellendorff, Briefwechsel 1872–1903*, Hildesheim 2003, 211. Leider sind in den Papieren von Homolle in der Bibliothek des Institut de France keine Briefe von Mommsen zu finden.

22 Briefe vom 16. und 17. Oktober 1885.

23 Briefe vom 4. Januar 1887; 29. November 1887; 26. Dezember 1887. In einem Brief an Friedrich Althoff vom 7. Dezember 1887 schreibt Mommsen: „Homolle ist [...] unter den jüngeren französischen Epigraphikern oder Archäologen der namhafteste, mir und vielen Anderen von uns persönlich in freundlichster Weise und mit vielen Diensten entgegengekommen und so weit deutsch-freundlich, als dies von einem Franzosen verständiger Weise erwartet werden kann": Stefan REBENICH – Gisa FRANKE (Hrsg.), *Theodor Mommsen und Friedrich Althoff. Briefwechsel 1882–1903*, München 2012, 272.

voir pour lui rappeler la promesse qu'il m'avait faite au sujet du Corpus."[24] Falls das wirklich bedeutet, dass eine Mitwirkung von Gustave Fougères am CIG erwogen worden ist, so ist daraus nichts geworden. Die Aussicht darauf und auf eine weitere Zusammenarbeit mit den Franzosen, deren Absichten hinsichtlich Delphis damals schon offenkundig waren, könnte Mommsen aber veranlasst haben, sich gegen die Übertragung der delphischen Inschriften an Pomtow auszusprechen. In diesem Fall hätte es sich wohl nicht vorrangig um Einwände gegen die Person Pomtows gehandelt, sondern um die Meinung Mommsens, dass die Inschriften Delphis ganz den Franzosen zu überlassen seien.

Allerdings war Pomtow bislang auch nicht als Epigraphiker hervorgetreten.[25] Um Einwänden in dieser Richtung vorzubeugen, hat Kirchhoff in seinen Antrag an die Akademie die Klausel eingefügt, dass Pomtow die Scheden der Inschriften herstellen solle (Majuskeltexte und Minuskelumschriften), dass aber der Kommentar von ihm und von Dittenberger jeweils zu begutachten sei.[26]

Homolle wurde im Jahre 1890 Direktor der École Française d'Athènes und zugleich Leiter der französischen Grabungen in Delphi, die am 1. Oktober 1892 eröffnet wurden. Bereits in seinem Brief an Mommsen vom 15. Dezember 1891 musste er aber rückblickend auf die Unterredung im Jahre 1887 einräumen, dass er mit der Publikation der Inschriften von Delos nicht weitergekommen sei. Hinsichtlich der Inschriften von Delphi werde er nach einer Lösung suchen, die die Interessen der Wissenschaft mit denen des delphischen Unternehmens in Einklang bringe.

Am 17. August 1892 wurde er deutlicher. Er habe in Paris mit der Universitätsverwaltung über die Publikation von Delphi gesprochen. Das Problem sei in der Tat nicht so sehr ein akademisches als ein administratives, um nicht zu sagen politisches. Da die Kosten für die Ausgrabungen vom Parlament bewilligt worden seien:

> „Quelque regret que je puisse éprouver des pertes de temps et d'argent résultant de deux publications concurrentes, c'est un mal qui ne peut être évité. Si nous ne pouvons vous demander d'abandonner votre œuvre, vous sentez bien que nous et nous seuls devons publier nos propres découvertes, achetés par de grandes sacrifices."

---

24 Genaueres dazu unten in den Abschnitten VII–IX.

25 Als erstes Ergebnis hatte er veröffentlicht: „Zwei Delphische Bustrophedon-Inschriften", *SB Ak. Berlin* 1887, 703–708.

26 Bericht von 1904. Im Brief an Kirchhoff vom 15. Oktober 1894 erklärt Pomtow, dass dieser ihm gegenüber dies damals als „reine Formsache" bezeichnet habe, die aus taktischen Gründen notwendig sei.

Homolle schloss nunmehr also eine Zusammenarbeit mit Berlin aus, jedenfalls solange man dort an einer eigenen Edition festhalte – womit nur das Unternehmen von Pomtow gemeint sein konnte. In einem Nachsatz zu dem Brief bedauert er erneut die Verzögerung bei den delischen Inschriften; er müsse wegen anderer Aufgaben alle persönlichen Arbeiten zurückstellen.

V

Währenddessen war Pomtow trotz gesundheitlicher Probleme fleißig an der Arbeit, über die er Kirchhoff immer wieder berichtete. Diese gestaltete sich schon deshalb als mühsam und langwierig, weil Kirchhoff darauf bestand, dass sämtliche Inschriften zunächst als Majuskeltexte zu zeichnen seien.[27] Am 17. Mai 1892 meldete Pomtow, dass die Scheden zu den delphischen Inschriften im Monat zuvor fertig gestellt worden seien. Seiner Gesundheit wegen könne er aber nicht sogleich mit der Ausarbeitung des Kommentars beginnen. Zu diesem hatte er freilich bereits in seinem Brief vom 9. März 1892 angekündigt, dass er „an die Ausarbeitung einer Anzahl Abhandlungen gehen (werde), die den Commentar entlasten sollen, ohne deren Voraussetzung dieser gar nicht begonnen bzw. weitergeführt werden könnte." (Vgl. auch den Brief vom 25. November 1892).

27 Die Wiedergabe der Inschrift mit epigraphischen Drucktypen – *caractère épigraphique* – war Standard in den Corpuseditionen des 19. Jh. Pomtow hat viel Zeit und Mühe in diese Arbeit gesteckt, was seinen späteren heftigen Widerstand gegen die Aufgabe des Majuskelabdrucks verständlich macht, aber er hatte auch eine clevere Methode gefunden, die Sache zu vereinfachen und zugleich originalgetreuer zu machen. Er beschreibt das Verfahren selbst (*SB Ak. Berlin* 1887, 703 Anm. 1) so, dass ein erster Abklatsch aufgebracht und noch nass gleich wieder abgezogen wird, dann ein zweiter Abklatsch neu aufgeschlagen, der auf dem Stein bleibt; „nun wurden angesichts desselben unter steter fortwährender Vergleichung die Buchstabenfurchen des ersten, bereits trockenen, mit Farbe (Blei oder schwarzer Kreide) ausgefüllt. ... Diese ausgefüllten Abklatsche habe ich photographiert und von den Negativen Zinktypographien anfertigen lassen." Daran sind die Pomtowschen Abklatsche im Archiv der IG leicht und eindeutig zu erkennen. (Abb. 5)

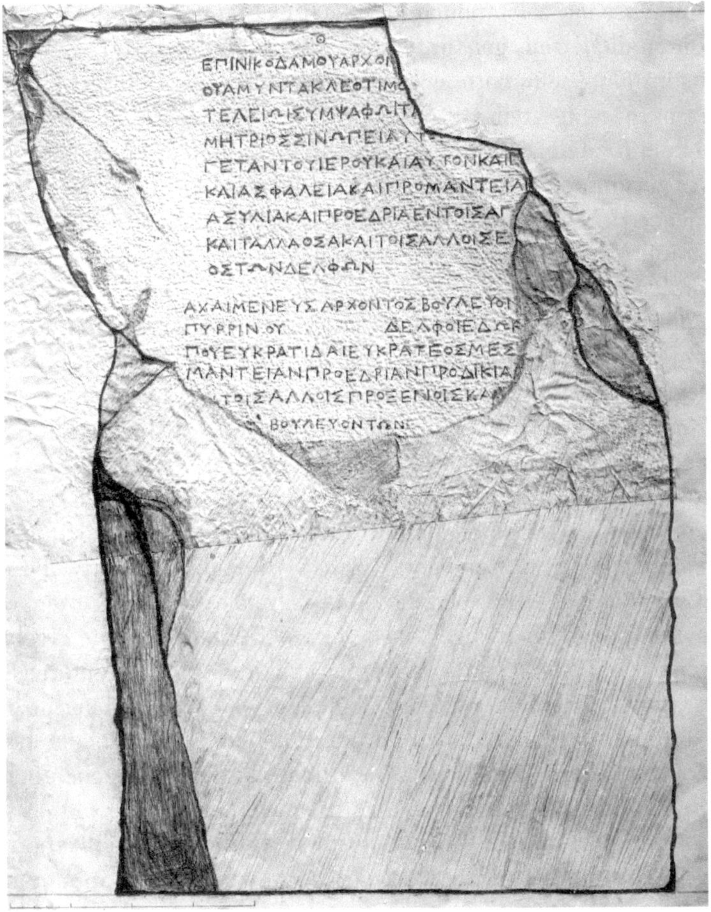

Abb. 5 Pomtows Nachzeichnung des Abklatsches von den Freilassungs-urkunden FD III 4, 13 und 14. Archiv IG.

Die Kommission für die Inscriptiones Graecae meldete hingegen in ihrem Bericht vom 2. Februar 1893 lediglich die Fertigstellung der Scheden für die delphischen Inschriften, soweit sie vor dem Beginn der französischen Grabungen bekannt geworden seien – ohne dabei den Namen des Bearbeiters Pomtow zu nennen. Hier kommt eine Divergenz der Meinungen klar zum Vorschein, die noch Anlass zu vielen Schwierigkeiten geben sollte. Während Kirchhoff im Wesentlichen die Vorlage des Materials erwartete und immer wieder darauf drängte, den Kommentar knapp zu halten, hatte Pomtow eine gründliche Bearbeitung im Sinn. Das war auch insofern sachlich gerechtfertigt, weil es sich bei den Inschriften Delphis vornehmlich um serielle Quellen handelt, die erst in der Zusammenschau verständlich und nach Erstellung einer delphischen Chronologie durch die jeweils genannten Beamten zu datieren sind.

Bereits im Jahre 1889 hatte er unter dem Titel ‚Fasti Delphici I' die Priesterschaften zusammengestellt.[28] Nunmehr ließ er zunächst den ersten Teil der Fasti Delphici II zu den Archonten der Amphiktyonen erscheinen.[29] Außerdem erstellte er zusammen mit einem Schulamtskandidaten Gillischewski[30] aus den inschriftlichen und literarischen Zeugnissen vier Quartbände einer delphischen Prosopographie und daraus wieder Stemmata zu den delphischen Familien von 350 v. Chr. bis 100 n. Chr.

Ende des Jahres 1894 kam es dann fast zum Eklat. Inzwischen hatte die Publikation der ersten Inschriften aus der französischen Grabung in Delphi begonnen, und im Hinblick darauf versuchten Kirchhoff und wohl auch Dittenberger, Pomtow unter Druck zu setzen, um zu einem baldigen Ende zu gelangen.[31] In einem langen Brief vom 15. Oktober 1894 an Kirchhoff wehrte sich dieser erbittert dagegen und verwies auf die sechs Jahre und auch die großen finanziellen Opfer, die er bereits an ein Unternehmen gewandt habe, das er erfolgreich im sachlich notwendigen Ausmaß zu Ende bringen wolle. Er reiste auch mit all dem bisher erarbeiteten Material nach Halle zu Dittenberger und konnte diesen davon überzeugen, dass vor einer Publikation die Ergebnisse der französischen Grabung abgewartet werden müssten. Konsequenterweise lehnte Pomtow es auch in einem weiteren Schreiben vom 24. Oktober an Kirchhoff ab, sich zu diesem Zeitpunkt allein für die Herstellung der Scheden honorieren zu lassen. Dieser quittierte das am 25. Oktober mit der lakonischen Bemerkung: „Brief erhalten. Ihr Wille geschehe." Am 2. November teilte er mit, es sei in der Akademie „der einstimmige Beschluss gefasst worden, die Publikation der Delphischen Inschriften bis gegen das Ende der französischen Grabung hinauszu-

---

28 „Fasti Delphici I: Die Priesterschaften", *Jahrbücher für Philologie und Pädagogik* 139, 1889, 513–578.

29 „Fasti Delphici II: Die Archontate der Amphiktyonendekrete. 1. Epigraphischer Theil", *Jahrbücher für Philologie und Pädagogik* 1894, 498 ff. 658 ff. 825 ff.; „Neue Gleichungen Attischer und Delphischer Archonten", *Philologus* 54, 1895, 211–254; 356–371: „Nachtrag. Die Datierung der XII. delphischen Priesterzeit".

30 Sehr wahrscheinlich Hugo Gillischewski (1870–), der später mit der Arbeit: *De Aetolorum praetoribus intra annos 221 et 168 a. Chr. n. munere functis* in Erlangen promoviert worden ist (Berlin 1896).

31 Falls die Erinnerung von Kirchhoff im Jahre 1904 zutrifft – und keine Verwechslung mit dem Vorgang im Februar 1888 vorliegt –, stand möglicherweise eine Intervention von Mommsen dahinter: „Damals hat Mommsen als Mitglied der Commission auf die Beseitigung von Pomtow gedrängt": Protokoll von Wilamowitz über eine Unterredung mit Kirchhoff am 15. August 1904.

schieben."[32] Inzwischen solle versucht werden herauszufinden, „in welcher Form und welchem Umfange die Franzosen die Ergebnisse ihrer Ausgrabung in einer Gesammtausgabe zu veröffentlichen beabsichtigen." Pomtow solle indessen „ruhig und stetig" weiterarbeiten, „wie Ihre Zeit und der Stand Ihrer Gesundheit es Ihnen verstatten, und mögen wir endlich, wenn auch spät, zu einem Alle befriedigenden Ausgang gelangen."

Dieser Wunsch konnte, wie sich zeigen sollte, nicht in Erfüllung gehen. Pomtows Verweigerung einer sofortigen, wenn auch sachlich unbefriedigenden Publikation sollte sich als verhängnisvoll erweisen, für die delphischen Inschriften, wie aber vor allem für ihn selbst. Er hatte jedoch wohl schon zu diesem Zeitpunkt als Gymnasiallehrer ohne Verankerung an einer Universität die Edition zu seinem wissenschaftlichen Lebensinhalt gemacht.

VI

Ende 1894 begannen zwar die ersten französischen Inschriftenpublikationen zu Delphi zu erscheinen,[33] Homolle aber hatte wie zuvor in Delos, so jetzt in Delphi, alles auf sich konzentriert. Es war ihm indes dabei offenbar von vornherein klar, dass er mit seinen begrenzten personellen Mitteln zu einer umfassenden und abschließenden Edition nicht gelangen werde. Seine Energie wurde zwar anerkannt, gleichzeitig regte sich aber schon früh, und gerade auch in Frankreich, die Kritik an seinen allzu vielen Unternehmungen. Am 6. Juli 1893 wandte er sich deshalb erstmals an den Minister de l'Instruction Publique et des Beaux-Arts und legte ihm die Problematik dar. Natürlich könne man im Rahmen von ‚Fouilles de Delphes' bald vorläufige Ergebnisse vorlegen. Dann bestehe aber die Gefahr, dass die bereits in Arbeit befindliche deutsche Sammlung im Rahmen der CIG die definitive sein und alle französischen Vorveröffentlichungen ersetzen werde.[34]

Folgen hatte das zunächst nicht. Pomtow arbeitete weiter an seinen delphischen Inschriften, berücksichtigte aber auch die von den französischen Gelehr-

32 Im Bericht der Kommission für die Sammlung der griechischen Inschriften vom 23. Januar 1896 verlautete dann, dass die delphischen Urkunden vorläufig zurückgestellt worden seien.

33 Louis Couve, „Inscriptions de Delphes. Décrets et dédicaces", *BCH* 18, 1894, 70–100, der sich dabei wiederholt auf Pomtows „Fasti Dephici I" (Anm. 27) stützt; in seinem zweiten Beitrag, 226–270, ist das thematisch bedingt nicht der Fall. Th. Homolle selbst bezieht sich in seinem „Rapport sur les fouilles de Delphes en 1894", ibid. 175–196, immer wieder auf den Plan und die Tafeln in Pomtows *Beiträge zur Topographie von Delphi*, Berlin 1889.

34 Dieses und die folgenden Schreiben an den Minister (bis 1904) befinden sich in der Akte AN F 17/13598 in einem Umschlag mit der Aufschrift „Inscriptions de Delphes et de Délos".

ten neu publizierten. Diese suchten nunmehr auch den Kontakt zu ihm. Als Vermittler betätigte sich offenbar Maurice Holleaux, der seit 1893 mit Friedrich Freiherr Hiller von Gaertringen (Abb. 7) und auch mit Ulrich von Wilamowitz-Moellendorff korrespondierte. Am 25. Oktober 1894 bedankte er sich bei Hiller für die Adresse von Pomtow und berichtete am 26. Juli 1895, dass er mit ihm in guten Beziehungen stehe und sich in absehbarer Zeit die Vollendung seines großen Werkes erhoffe.[35]

Nach dem Bericht Pomtows von 1904 teilte Holleaux ihm etwa 1896 den Wunsch von Homolle mit, mit ihm in Beziehungen zu treten, was zu einer Korrespondenz geführt habe. Homolle hat Pomtow sogleich auch einige Separata zugesandt,[36] ebenso auch Émile Bourguet.[37]

In den folgenden Jahren hat Pomtow weiter Grundlegendes für die Edition der delphischen Inschriften geleistet. 1897 erschien der zweite Teil von ‚Fasti Delphici II',[38] im Jahr darauf ‚Die Delphischen Buleuten'.[39] In welchem Maße er dabei auf die Zusammenarbeit mit den französischen Kollegen zählen konnte, zeigt eindrucksvoll sein monumentaler Artikel zur Chronologie von Delphi,

35 Den Kontakt hatte Hiller hergestellt, wie Pomtows Brief vom 13. September 1894 an diesen zeigt (wie auch die weiteren Briefe Pomtows im Archiv der IG); vgl. den Brief von Holleaux vom 7. November 1897: „M. Pomtow, avec qui j'entretiens, grâce à vous, les plus amicals relations"; auch die Briefe vom 20. und 21. November 1897 lassen die gute Zusammenarbeit mit Pomtow deutlich werden. In seinem Aufsatz: „Die Kultstätten der ‚anderen Götter' von Delphi", *Philologus* 71, 1912, 30–100, hier: 49 dankt Pomtow Holleaux für die damalige Mitteilung einer thebanischen Inschrift; in seinem Aufsatz: „Amphiktyonisches", *Hermes* 33, 1898, 329–334, hier: 331 Anm. 1 erwähnt er Listen, die er „schon vor Jahren für Maurice Holleaux in Lyon" zusammengestellt habe.

36 „Inscriptions de Delphes", *BCH* 19, 1895, 5–69; „Le temple de Delphes. Son histoire, sa ruine", *BCH* 20, 1896, 581–732 (wofür Pomtow, *Hermes* 33, 330 Anm. 1 dankte; ebd. auch briefliche Mitteilungen von Bourguet); „Statue de bronze découverte à Delphes", *CRAI* 1896, 362–384. Auch in: „Topographie des Delphes", *BCH* 21, 1897, 256–320 finden sich positive Erwähnungen von Pomtow (276. 282 f.; vgl. auch 616 ff.), ebenso in: „Les ex-voto de Lysandre à Delphes", *CRAI* 1901, 668–686, hier 676. Homolle hat nach dem Bericht von Pomtow auch ihm gegenüber damals die Absurdität beklagt, die Inschriften von Delphi zweimal zu publizieren; er strebe eine Absprache der Akademien an; weitere Briefe von Homolle aus dem Jahr 1898 werden von Pomtow in seinem Brief an Hiller vom 21. März 1899 erwähnt. In seinem Bericht an den Minister vom 5. Mai 1895 über die Arbeiten der École française d'Athènes berichtet Homolle über die Arbeiten von Bourguet zur delphischen Chronologie, die trotz der Forschungen von Pomtow noch sehr unklar sei (AIF E 416); vgl. Anm. 50.

37 Hans Pomtow, „Die neuen delphischen Tempelbau-Rechnungen, die Felsinschrift (W.-F. 450)", *Berliner Philologische Wochenschrift* 17, 1897, 92–96 dankt Bourguet für die Zusendung von: „Inscriptions de Delphes", *BCH* 20, 1896, 196–241 und lobt seinen Kommentar.

38 „Fasti Delphici II 2: Historischer Theil", *Neue Jahrbücher für Philologie und Pädagogik* 155, 1897, 737–765;785 ff.

39 „Die Delphischen Buleuten", *Philologus* 57, 1898, 524–563.

mit dem er den RE-Artikel von Hiller von Gaertringen ergänzte.[40] Einleitend betont Pomtow das Vorläufige der Zusammenstellung delphischer Beamten auf dem Stande von 1899, dankt aber zugleich Émile Bourguet und Gaston Colin sowie dem Leiter der Grabung Homolle für ihre wesentliche Mitarbeit durch briefliche Mitteilungen (2584). Diese Danksagungen werden mehrfach wiederholt; insbesondere hebt Pomtow im Nachtrag von 1901 hervor, dass „seitens der französischen Gelehrten bis zum letzten Augenblick Ergänzungen beigesteuert worden" seien (2694). Auch die Publikationen der französischen Gelehrten beziehen sich in dieser Zeit immer wieder positiv auf die Forschungen von Pomtow.[41]

VII

Inzwischen verfolgte Homolle aber weiter reichende Pläne. Nach der von Wilamowitz gegenüber Friedrich Althoff dargelegten Auffassung[42] war er die treibende Kraft hinter der Einladung der École française d'Athènes, die von allen athenischen Instituten (ausser dem deutschen) und der griechischen Universität mitunterzeichnet worden war, zu einem internationalen Archäologenkongress in Athen vom 25. bis 27. April 1897. Gegenstand der Verhandlungen sollte u.a. die Fortführung des CIG und die Schaffung einer Ephemeris epigraphica sein. Wilamowitz sah darin einen Angriff auf die entsprechenden deutschen Unternehmungen und vermutete, dass der im Gegensatz zu den Gelehrten in Paris befindliche Homolle „seiner eigenen unsicheren Position eine neue Stütze zu geben" versuche. Gewöhnlich war Wilamowitz über die Entwicklungen in Paris gut informiert[43] – im Übrigen beruft er sich in diesem Brief auf Hiller als Informanten für französische Dinge. Der Kongress wurde freilich wegen des griechisch-türkischen Krieges Anfang März 1897 abgesagt.

40 Friedrich Hiller von Gaertingen, „Delphoi", in: *RE* IV, 1901, 2518–2583; Hans Pomtow, „Zur Chronologie", ibid. 2583–2700.

41 E.g. Gaston Colin, „Inscriptions de Delphes", *BCH* 24, 1900, 82–113 (103 Anm. 1 mit Dank für eine briefliche Mitteilung); Auguste Jardé, „Inscriptions de Delphes", *BCH* 26, 1902, 246–286; Émile Bourguet, „Inscriptions de Delphes", *BCH* 27, 1903, 5–61.

42 Brief vom 12. Februar 1897 in: William M. Calder – Alexander Košenina (Hrsg.), *Berufungspolitik innerhalb der Altertumswissenschaft im wilhelminischen Preußen. Die Briefe Ulrich von Wilamowitz-Moellendorffs an Friedrich Althoff (1883–1908)*, Frankfurt a.M. 1989, 127–133; vgl. Rebenich – Franke, *Mommsen-Althoff* (Anm. 23), 777 Anm. 2796 (mit weiterer Lit.); s. auch den Brief von Homolle an den Minister vom 15. Mai 1896 (AN F 17/13596), in dem er den Kongress als notwendig für das Renommee der École erachtet.

43 Dies zeigte sich auch Ende 1908: von Ungern-Sternberg, *Delos* (in diesem Bande, Teil II).

Homolle war zunehmend in Bedrängnis gekommen, teils weil er mit den Publikationen in Delos und Delphi immer mehr in Verzug geriet, teils wegen der problematischen Methoden seiner personell unterausgestatteten Grabung, die zu wenig die modernen Erfordernisse der genauen Dokumentation berücksichtigte.[44] Immer wieder wurde, nicht zum Vorteil der Franzosen, der Vergleich mit den deutschen Grabungen in Olympia gezogen (1875–1881), die 16 Jahre danach bereits abschließend publiziert worden waren.

Nach dem Scheitern des Kongressplanes wandte sich Homolle am 9. April 1897 an den Minister, der ihm einen Kredit von 10.000 Francs für die Veröffentlichung der Grabungen in Delphi zur Verfügung gestellt hatte, mit der Maßgabe, diese noch im Jahre 1897 auszugeben. Offenbar hat er ihm auch die Gefahr vor Augen gehalten, dass die Franzosen wegen der Verzögerungen ihre Publikationsrechte einbüßen könnten. Homolle schilderte seine Schwierigkeiten in Delphi: unter anderem benötige er dringend einen Fotografen und einen Zeichner – aber eben diesen Verwendungszweck der 10.000 Francs hatte der Minister in seinem Schreiben vom 31. März ausgeschlossen. Eine definitive Publikation sei während der Grabungen unmöglich. Stattdessen schlug er vor: „La publication d'un compte rendu des fouilles, ouvrage provisoire et sommaire, très documenté et accompagné des plans et des planches."

Bereits am folgenden Tag präzisierte er in einem weiteren Brief an den Minister seine Überlegungen. Dieser dränge auf eine schnelle Publikation, aber seit 1893 seien doch in jeder Nummer des *BCH* neue Dokumente aus Delphi veröffentlicht worden. Dann aber kommt Homolle zum Kern der Angelegenheit aus seiner Sicht:

> „On ne tient pas compte enfin de la féroce concurrence que nous font les Allemands et autres étrangers, en particulier M.M. Pomtow et Nikitsky (le dernier a été jusqu'à se procurer des copies des documents inédits découverts par nous) depuis longtemps maîtres consommés dans l'épigraphie delphique,[45] et celle que se prépare à nous faire la commission du

44 Insbesondere wurde schon sehr bald das Fehlen eines Architekten gerügt, etwa von Christian Belger, „Delphica", *Berliner Philologische Wochenschrift* 14, 1894, 860–864; „Ausgrabungen in Griechenland", ibid. 16, 1896, 769–770, aber auch von H. Pomtow, „Ausgrabungen in Delphi", *Berliner Philologische Wochenschrift* 18, 1898, 571–576 (dort auch erste Zweifel am Schatzhaus der Knidier) und von griechischer Seite; vgl. Rosina Kolonia, „L'écho de la Fouille", in: *La redécouverte de Delphes*, Paris 1992, 194–202, bes. 196–198. Homolle, *BCH* 18, 1894, 182 hat zwar Albert Tournaire (1862–1958) als „architecte des fouilles" bezeichnet, und dieser hat auch einen Plan von Delphi vorgelegt (*BCH* 21, 1897, pl. XVI), außerdem Zeichnungen und Rekonstruktionen (für die er bei der Weltausstellung in Paris 1900 eine Goldmedaille erhielt): *Fouilles de Delphes* II: *Topographie et architecture. Relevés et restaurations*, Paris 1902; ein ständig bei den Grabungen mitwirkender Architekt ist er aber nicht gewesen.

45 Alexander Nikitsky, *Delphisch-epigraphische Studien* I, Odessa 1894/95 (russisch); vgl. die ausführliche Inhaltsangabe von Ernst von Stern, *Berliner Philologische Wochenschrift* 16,

Corpus inscriptionum graecarum de Berlin. Ils sont tous aux aguets et se jettent immédiatement sur tout ce qui paraît. Si nous publions sans commentaire, nous avons la confusion que le commentaire vienne d'Allemagne, ce qui nous donne l'air d'incapables et en même temps frustera les membres de l'École de l'éducation scientifique et du bénéfice moral résultant de leurs études. Si nous donnons en masse tous les textes nous nous dépossédons par avance au profit du Corpus de Berlin, tout outillé pour une publication rapide, qui nous supprime et annule l'ouvrage projété par nous. Il ne faut l'attendre en aucune façon à la réserve que nous avons observée à l'égard des Allemands à Olympie ou à Pergame."

In einem weiteren Brief an den Minister vom 7. Mai 1897 ließ Homolle dann die Katze aus dem Sack, indem er ohne jede Vorrede begann:

„J'ai eu l'honneur de vous exposer plus d'une fois les difficultés qui résultent pour nous de la concurrence allemande; je suis persuadé qu'on pourrait y mettre fin par un accord également avantageux à nos intérets, à ceux de l'Académie de Berlin et de la science allemande.

Il ne peut être qu'honorable de prendre une part et aussi large que possible dans la composition de *Corpus* des inscriptions grecques, qui sera dans l'avenir le monument del'érudition du 19e siècle."

Homolle verweist dann auf die bereits bestehende Zusammenarbeit von René Cagnat hinsichtlich der lateinischen Inschriften Algeriens und von Albert Lebègue für die griechischen Inschriften Frankreichs. Er selbst habe bereits im Jahre 1887 in Berlin in einem Gespräch mit Mommsen die Basis für eine zukünftige Zusammenarbeit im Rahmen des griechischen Corpus gelegt, das damals im Planungsstadium gewesen sei. Man habe die beiderseitigen Domänen abgrenzen wollen, wobei Frankreich Kleinasien, die Inseln und Ägypten überlassen werden sollten.[46] Dabei sollten – unter der Voraussetzung, dass die Bände dem Muster der bereits vorliegenden Attischen Inschriften folgten – die fran-

---

1896, 303–309. Auch Pomtow hat das Werk studiert, denn er schreibt im Juni 1898 an Hiller von Gaertringen, er habe „5 volle Tage lang in den Pfingstferien einen russischen Forststudenten aus Ebersw[alde] hier gehabt, der weder latein noch griech. konnte, und habe mit ihm gemeinschaftlich etwa 40–50 Seiten aus Nikitsky's Studie schriftlich übersetzt." Im Anhang der *Studien* sind eher dilettantische Zeichnungen von 80 Inschriften abgedruckt (I–LXXX), auf die Nikitsky im Text aber überhaupt nicht zu sprechen kommt, so dass sich der Sinn dieser Beigabe nicht recht erschließt. Einige Jahre später publizierte derselbe Nikitsky *Untersuchungen auf dem Gebiet der griechischen Inschriften*, Jurev (Dorpat) 1901 (ausschließlich zur delphischen Epigraphik; dazu die Rezension von Felix SOLMSEN, *Berliner Philologische Wochenschrift* 24, 1904, 564–568). Im Anhang gibt er eine Falttafel mit Photos von Abklatschen nach der Pomtowschen Methode mit Bleistift nachgezogen, die offenbar von Pomtow selbst stammen. Vielleicht bezieht sich darauf der Vorwurf von Pomtow in seinem Bericht von 1904, von ihm gefundene Inedita publiziert zu haben. Nikitsky selbst wurde im folgenden Jahr 1902 mit der Arbeit *Die geographische Liste der delphischen Proxenoi* in Dorpat promoviert (dazu die Rezension von Wilhelm LARFELD, *Berliner Philologische Wochenschrift* 23, 1903, 113–114). Noch 1915 schreibt Pomtow an Hiller, dass „Nikitsky immer Gutes geleistet" habe.

46 Darauf bezieht sich wohl auch der undatierte Brief von Homolle im NL Mommsen, Bl. 31–32.

zösischen Bände in Paris publiziert werden. Insbesondere habe man über die Inschriften von Delos gesprochen, wo darauf verwiesen wurde, dass man die unnötigen Kosten einer doppelten Publikation vermeiden könne.

Zu Beginn der Grabungen in Delphi habe Mommsen diese Ansicht in einem erneuten Brief vorgetragen, den er damals dem Minister zugesandt habe. Dieser sei gleichzeitig „une offre ou une menace“ gewesen. Angesichts der negativen Haltung der Verwaltung habe er das Anerbieten Mommsens damals abgelehnt.[47] Gleichwohl entspreche allein eine solche Zusammenarbeit den Erfordernissen jeder Arbeit, mit möglichst geringem Aufwand die Aufgaben zu erfüllen, und die Wissenschaft müsse ohne Rivalitäten voranschreiten, wobei sie freilich bei aller Internationalität zugleich patriotisch bleibe. Die Beteiligung am Corpus indes sei für Frankreich unbedingt eine Ehre. Demgegenüber, so wiederholt er nunmehr, werde jede Teilveröffentlichung später durch das Corpus obsolet werden.

Folgerichtig erbitte er somit die Erlaubnis, halbamtlich und auf indirektem Weg bei der Berliner Akademie zu sondieren und ein Abkommen für die Publikation der Inschriften von Delos und Delphi im Rahmen des griechischen Corpus vorzubereiten. Gleichzeitig könne man sich vielleicht noch andere freie Gebiete sichern, wie Ägypten, wo es gut wäre, Letronne einen französischen Nachfolger zu geben, Syrien, das politisch und wissenschaftlich eine französische Domäne sei, Makedonien, wo Heuzey Frankreich den Vorrang verschafft habe.

Kleinasien dagegen sei leider inzwischen nicht mehr zu haben,[48] wie zu der Zeit, als er vergeblich die Aufteilung der epigraphischen Welt im Namen der Berliner Akademie der Académie des Inscriptions vorgeschlagen habe. Sie sei am vereinten Widerstand der Mediävisten und dessen, „que nous regardons comme le chef des épigraphistes français“ – damit kann nur Paul Foucart gemeint sein – gescheitert.[49]

Im Hinblick darauf bitte er, einstweilen die Académie nicht zu konsultieren. Wenn die Angelegenheit von Delos und Delphi geregelt sei, dann könne man sich an sie wenden.

---

47 Vgl. oben den Brief von Homolle an Mommsen vom 17. August 1892.

48 Hier betätigte sich seit 1890 die Wiener Akademie der Wissenschaften: Tituli Asiae Minoris I–III 1, Wien 1901–1944; dazu Klaus Hallof, „Das Berliner Corpus und die Gründung der Kleinasiatischen Kommission in Wien vor hundert Jahren“, in: Gerhard Dobesch – Georg Rehrenböck (Hrsg.), *Die epigraphische und altertumskundliche Erforschung Kleinasiens. Hundert Jahre Kleinasiatische Kommission der Österreichischen Akademie der Wissenschaften*, Ergänzungsband zu den Tituli Asiae Minoris 14, Wien 1993, 31–47.

49 Es zeigt sich, dass Wilamowitz hinsichtlich der schwachen Stellung Homolles in der Akademie (oben bei Anm. 43) gut informiert gewesen ist.

Im Übrigen gebe man weder für Delphi noch für Delos das Recht auf eine besondere Publikation von dauernder Nützlichkeit auf, nämlich eine vollständige Sammlung von Facsimiles, die unveränderlich wie die Monumente selbst zur Verfügung stehen würden.

Der Minister reagierte mit Schreiben vom 28. Mai auf den Vorschlag Homolles völlig ablehnend:

„Ni le monde savant ni le parlement ne comprendraient que nous renoncions à publier nous-mêmes les découvertes épigraphiques de fouilles faites par la France." Das Parlament habe bereits empfindlich darauf reagiert, dass im Grabungsabkommen für Delphi von Griechenland weniger zugestanden worden sei als Deutschland hinsichtlich Olympias erhalten habe. Das Publikationsrecht aber habe man und das wolle man auch nicht aufgeben. „Il y vu du bon renom de l'École d'Athènes et de la science française." Der Minister schloss mit der erneuten Aufforderung an Homolle, für die Publikation der Inschriften zu sorgen.

Homolle trat daraufhin zunächst den Rückzug an. In seinem Brief vom 10. Juni 1897 an den Minister betonte er, er habe nicht im Mindesten die französischen Rechte opfern wollen. Es handele sich doch um Folgendes:

Im Corpus für Nordgriechenland werde in Berlin die Phokis mit allen bisher bekannten Dokumenten vorbereitet. Entweder nehme man in die eigene Sammlung auch alle diese Dokumente mit entsprechenden Kosten auf oder man beschränke sich auf die unedierten und dann werde in Berlin unmittelbar darauf eine vollständige Sammlung aller Texte folgen, die alles andere verdränge. Er habe deshalb in einer Zusammenarbeit nur Vorteile gesehen.

Wenn der Minister aber zu viele Schwierigkeiten und Gefahren sehe, so wolle er sich dieser Ansicht anschließen.

In diesem Falle müsse sich die Publikation auf die Resultate der Grabungen beschränken und im Übrigen auf die bereits vorhandenen Veröffentlichungen und das vorzubereitende Corpus verweisen. Man könne aber eine vollständige Sammlung der Facsimile geben. Dazu müsse eine Ausschreibung unter den entsprechenden französischen Firmen erfolgen und das epigraphische Personal vergrößert werden, indem ihm Colin für ein Jahr gelassen werde, der sich eine große Erfahrung in der Epigraphik Delphis erworben habe, und dazu im Wege der Abordnung Perdrizet, Couve und Bourguet, die bereits eine entsprechende Ausbildung hätten. Hinsichtlich der auf Böotien bezüglichen Inschriften könne er sich an Holleaux wenden, für die von Arkadien an Fougères. Für eine gute Publikation genüge es nicht, die Texte aneinander zu reihen; sie müssten vielmehr chronologisch angeordnet werden. Das erfordere viel Zeit. Ein topographischer Plan werde demnächst im Bulletin veröffentlicht werden. Hinsichtlich der figürlichen Denkmäler schlage er eine vorläufige Publikation möglichst vieler der wichtigsten mit kurzer Beschreibung vor. Das werde die Archäologen befriedigen und volle Konzentration auf die Epigraphik ermöglichen, die schwerste und dringendste Aufgabe.

Die Verstärkung der personalen Ausstattung half freilich, wie sich zeigen sollte, nicht grundlegend. Bourguet und Colin arbeiteten durchaus an den delphischen Inschriften,[50] eine größere Edition ließ aber nach wie vor auf sich warten.[51] Am 13. Februar 1898 erinnerte ein neuer Minister Homolle an die Mahnungen seiner Vorgänger, die Ergebnisse der Grabungen zu publizieren, und forderte Ausführung bis Mai 1899.

VIII

Homolle hat aber ungeachtet der ablehnenden Haltung des Ministers auf seine Berliner Pläne nicht verzichtet. Wir haben bereits gesehen, dass er inzwischen einen direkten Kontakt zu Pomtow hergestellt hatte. Am 7. November 1897 berichtete Holleaux Hiller zuerst von einem Besuch bei Homolle in Paris, der ihm sehr bedeutende Funde aus Delphi gezeigt habe.[52] Vertraulich teilte er ihm dann mit, dass hinsichtlich der Publikation der Inschriften von Delphi vielleicht bald ein Abkommen zwischen der Pariser und der Berliner Akademie zustande kommen werde, was Homolle dringend wünsche. Dieser sei darin aber nicht frei und könne nicht handeln, bevor er eine offizielle Autorisation habe. Holleaux fügte hinzu, dass er auch Pomtow informiert habe, der sich darüber mehr als jeder andere gefreut habe. Daraufhin hat sich Hiller an Homolle gewandt, mit dem er bereits seit einiger Zeit in wissenschaftlichem Austausch stand. Dieser schrieb ihm am 27. Januar 1898, dass er seit langem an dem Corpus interessiert sei und über eine Zusammenarbeit der Akademien in Berlin und Paris bereits 1887 mit Mommsen gesprochen habe. Freilich sei dies damals wegen des Widerstands in Paris verfrüht gewesen. Wegen Delphi gebe es zu viele Schwierigkeiten, hinsichtlich von Delos dagegen stehe die Sache anders. Hiller möge doch bei der Kommission des Corpus die Bedingungen einer Zu-

50 Gaston Colin, „Notes de chronologie delphique“, *BCH* 22, 1898, 1–200 (mit wiederholten positiven Zitaten von Pomtow); vgl. ihre Hinweise für Pomtow bei Anm. 36.

51 Zum langsamen Tempo der Inschriftenpublikationen s. H. Pomtow, „Die neuen delphischen Inschriften und das Ehrendekret des Aristoteles“, *Berliner Philologische Wochenschrift* 19, 1899, 249–256 (lobend zur Arbeit von Bourguet und Colin; betont zugleich die Wichtigkeit der Majuskeltexte für die Datierung der Archontate).

52 Brief im Archiv IG, der darin erwähnte Brief von Holleaux an Pomtow vom 5. November 1897 wird von diesem in seinem Brief an Hiller vom 21. März 1899 zitiert (Archiv IG).

sammenarbeit abklären, aber so, dass es seine eigene Initiative zu sein scheine, er werde das Gleiche in Paris tun.

Einstweilen geschah freilich nichts weiter, dafür unterbreitete Homolle am 18. Februar 1899 dem Minister ein Konzept für ein umfassendes Corpus Inscriptionum Graecarum Christianarum, für das er Unterstützung in Frankreich wie im gesamten französischen Einflussbereich anstrebte. Homolle hatte dies als ein Programm der École française d'Athènes bereits im Jahr zuvor im Bulletin de Correspondance Hellénique veröffentlicht.[53] Der Minister hat nach seinem Briefkonzept vom 3. März 1899 darauf wohlwollend reagiert. Auch die Berliner Akademie, die Homolle sogleich am 20. Februar 1899 angefragt hatte, sagte ihm mit Schreiben des Sekretars der philosophisch-historischen Klasse, Johannes Vahlen, vom 6. März 1899 die erbetene Einsichtnahme in etwa vorhandene einschlägige Scheden des CIG zu.[54]

Das Vorhaben einer Sammlung aller griechischen Inschriften christlicher Zeit bis zum griechischen Freiheitskrieg war durchaus zukunftsweisend – und hatte bereits mit einer Arbeit von Franz Cumont einen guten Anfang genommen.[55] Im Kontext der Probleme, die Homolle mit der sich immer mehr hinauszögernden Publikation der Grabungen auf Delos und in Delphi hatte, wirkt sein Vorstoß aber eher als ein Ablenkungsmanöver. In der Folgezeit geschah auch nichts, so dass Homolle das Projekt erneut dem ersten Archäologenkongress in Athen im Jahre 1905 unterbreitete.[56]

Am 21. Februar 1899 legte Homolle dem Minister einen Gesamtplan für die Publikation der Grabungen in Delphi vor, mit dem Satz beginnend: „La publication des fouilles de Delphes égalera en importance celle des fouilles d'Olympie." Sich immer wieder auf das Vorbild Olympia beziehend – diese Parallele beherrschte, wie man sieht, durchgehend das französische Denken – sah er eine Aufteilung der Bände nach den Materien vor: Topograpie und Architektur

53 Théophile Homolle, „Le Corpus Inscriptionum Gaecarum Christianarum", *BCH* 22, 1898, 410–415. In seinem Bericht über die Tätigkeit der Athener Schule an den Minister vom 7. Juli 1898 hat Homolle bereits über die Sammlung griechischer christlicher und byzantinischer Inschriften durch Laurent referiert mit der zusätzlichen Bemerkung, dass er das gesamte Projekt schon 1897 der Akademie vorgelegt habe, wo es uneingeschränkt begrüßt worden sei (AIF E 419).

54 ABBAW, Akten PAW II–VIII, 89, Bl. 82.

55 Franz Cumont, „Les inscriptions chrétiennes d'Asie Mineure", *Mélanges de l'École française d'Athènes* 15, 1895, 245–304; vgl. auch seine diesbezügliche Korrespondenz mit Louis Duchesne und Gabriel Millet, in: Corinne Bonnet, *La correspondance scientifique de Franz Cumont conservée à L'Academia Belgica de Rome*, Bruxelles – Rom 1997, 177–180. 343–346.

56 S. dazu Jean-Michel Spieser, „Les études byzantines à l'École française d'Athènes", *BCH* 120, 1996, 441–449; vgl. auch die Vorrede von Nikos A. Bees, *Die griechisch-christlichen Inschriften des Peloponnes*, Athen 1941.

sollten er selbst und Albert Tournaire übernehmen, die Skulptur wiederum er, die anderen Altertümer Perdrizet, die Inschriften wollte er zusammen mit Bourguet und Colin bearbeiten; ein Band zur Geologie und Geographie, entsprechend dem Beispiel der französischen Expedition in Morea (1828–1833) oder der Deutschen in Olympia, sei leider nicht möglich, weil das Ministerium dafür keine Mittel bewilligt habe. Aber dieses Programm war wiederum Zukunftsmusik; Homolle versprach lediglich den Beginn der Arbeiten für das Ende des Jahres 1899, vorausgesetzt, dass die genannten Mitarbeiter für einige Monate wiederum Gelegenheit erhielten, ihre Studien vor Ort voranzubringen. Für den Moment kündigte Homolle das Erscheinen eines Überblickwerkes ‚Compe rendu de Delphes' noch im Jahre 1899 an, in dem die einzelnen Kapitel den geplanten Bänden der definitiven Publikation entsprechen sollten. Das Werk wurde aber nicht publiziert.

IX

Inzwischen war Homolle aber schon auf die bereits vor einem Jahr gegenüber Hiller im Ansatz entwickelte Strategie zurückgekommen, das, was er in Paris nicht hatte erreichen können, nunmehr auf dem Umweg über Berlin auf die Wege zu bringen.[57] Am 2. Dezember 1898 schrieb er Hiller aus Athen, dass nunmehr der Moment gekommen sei, sich mit der Berliner Akademie über die Publikation der Inschriften von Delos zu verständigen.[58] Dies Vorhaben werde aber sehr erleichtert werden, wenn die Akademie ihrerseits ihm anbiete, die Inschriften von Delos im Rahmen des Inselcorpus in Berlin herauszugeben. Er bitte ihn, eventuell unter Vermittlung durch Koehler, auf privater Basis bei den Mitgliedern der Akademie zu sondieren, ob diese zu einem entsprechenden Vorgehen bereit seien. Wie einem Briefentwurf Hillers von Gaertringen an ihn vom 13. Januar 1899 zu entnehmen ist, hat dieser die Angelegenheit mit Kirchhoff besprochen.[59] Er konnte Homolle nun mitteilen, dass Kirchhoff persönlich diese Zusammenarbeit wünsche.

---

57 Sein Vorgehen entspricht ganz dem von Holleaux in den Jahren 1908 bis 1910, über Berlin die Publikation der Inschriften von Delos voranzutreiben; dazu von Ungern-Sternberg, *Delos* (in diesem Bande, Teil II).

58 Der Brief ist von Homolle auf den 2. XII. 99 datiert; da sein Inhalt aber ganz dem entspricht, worauf Hiller am 13. Januar 1899 geantwortet hat, und andererseits in keiner Weise zu der Situation vom Dezember 1899 passt, muss es sich dabei um einen Irrtum handeln.

59 Brief im Archiv IG. Hiller hatte ihm den neuen Faszikel des Inselcorpus (IG XII 2, erschienen 1899) zugesandt.

„Er ist bereit, die Initiative zu ergreifen und mit einem Antrag an die Akademie sich zu wenden. Um aber diesen Antrag zu stellen, muss er vorher privatim überzeugt sein, daß der Antrag praktisch durchführbar ist, daß das, was Ihnen angeboten werden kann, Ihren Wünschen völlig entspricht und daß weitläufige geschäftliche Verhandlungen offizieller Art nicht mehr notwendig sein werden, da dergleichen nur geeignet wäre, die Ehre, die für beide Teile in einer solchen Vereinbarung liege, zu mindern, während auf beiden Seiten der umgekehrte Wunsch vorhanden ist. Durch Ihre ausdrückliche Erklärung würde die Akademie, wenn sie jetzt schon die Initiative ergriffe, sicher sein, im Prinzip auf keine Steine zu stoßen, wenn sie jetzt eine Anfrage an Sie richtete, ob Sie die Inschriften von Delos (Rhenaia, Mykonos?) im Verbund des Inselcorpus herausgeben wollten."

Homolle hat darauf am 25. Februar 1899 aus Athen geantwortet. Er kündigte an, dass er sich wohl am besten selbst demnächst nach Berlin begeben werde, um die Angelegenheit zum Abschluss zu bringen. Unabhängig davon schrieb Kirchhoff am 2. März an Hiller, er solle anläßlich seiner Reise nach Athen dort mit Homolle darüber sprechen, unter welchen Bedingungen er die Inschriften von Delos im Rahmen des Berliner CIG publizieren würde. Die epigraphische Kommission werde im Falle einer Einigung dann eine offizielle Anfrage an ihn richten.[60] Hiller selbst antwortete darauf hin Homolle am 4. März auf seinen Brief, den er am 3. März erhalten hatte. Er berichtete ihm von dem Kirchhoff-schen Schreiben, aufgrund dessen bereits ein Brief verfasst worden sei, den er ihm persönlich in Griechenland übergeben solle. Nun aber sende er ihm diesen im Hinblick auf die vielleicht bald anstehende Berlinreise schon vorweg zu. Gleichwohl hoffe er, Homolle noch in Athen zu treffen, um mit ihm Weiteres zu besprechen. Hillers Mission war also gut vorbereitet und sie hatte auch vollen Erfolg. Unklar bleibt aber, zu welchem Zeitpunkt neben den zunächst allein genannten Inschriften von Delos auch die von Delphi ins Auge gefasst wurden.

Am 24. August 1899 schrieb nämlich Homolle erneut an den Minister, nunmehr aber mit der Mitteilung, die Berliner Akademie, „qui a entrepris le *Corpus* universel des inscriptions grecques" (eine Übertreibung), habe die Pariser Akademie um die französische Mitarbeit hinsichtlich der Inschriften von Delos und Delphi ersucht. Nochmals hob Homolle dann hervor, dass dies Unternehmen für mindestens ein Jahrhundert Dauer haben werde und dass eine Mitarbeit folglich einer aussichtslosen Konkurrenz vorzuziehen sei. Um dann die entscheidende Karte auszuspielen: Sämtliche von ihm angefragten Kollegen in der Pariser Akademie seien der Meinung, dass man ein so vorteilhaftes Angebot annehmen müsse. Beruhigend fügte er hinzu, man behielte das Recht auf eine eigene Facsimile-Edition, die auf ihre Weise bleibenden Wert haben werde, und könne zudem in der Vorbereitungszeit im BCH oder anderen französischen Zeitschriften Kommentare zu den wichtigen oder sogar zu allen epi-

60 Brief im Archiv IG.

graphischen Texten geben – eine, wie sich zeigen sollte, ominöse Bemerkung. Nun aber müsse rasch gehandelt werden. Folglich ersuche er den Minister, das Berliner Anerbieten anzunehmen und ihm den Auftrag zu erteilen, sich im September nach Berlin zu begeben, um mit der Berliner Akademie über die Bedingungen einer Zusammenarbeit für Delos und Delphi zu verhandeln. Erneut verwies Homolle abschließend auf die Präzedenzfälle: am CIL die Mitarbeit von Cagnat für Tunis und Algerien und am CIG die von Albert Lebègue für die griechischen Inschriften von Gallien und die von Jules Delamarre für die Inschriften der Insel Amorgos,[61] ebenso aber auch auf die Mitarbeit von Engländern und der Wiener Akademie. Angesichts dieses Fait accompli konnte auch der Minister seine Zustimmung nicht länger verweigern.

Seine Reise nach Berlin hat Homolle zuletzt wieder über Mommsen eingefädelt. Am 27. Juli 1899 hatte er ihm aus Versailles einen Brief geschrieben, in dem aber nur von Unterredungen mit Ernest Babelon und anderen Mitgliedern der Akademie wegen des von Mommsen betriebenen Projekts eines *Corpus nummorum* zur Sammlung der antiken Münzen die Rede ist.[62] Offenbar hatte Mommsen ihn um seine Vermittlung gebeten. Noch vor der Reise dankte Homolle ihm dann am 14. September vorgreifend für seine guten Dienste, denen er den Erfolg seiner Berlinreise verdanke. Über die Reaktion der Akademie berichtete er: „On a apprécié à toute sa valeur et d'un accord unanime la cordialité avec laquelle l'académie de Berlin consent à se déssaisir (sic!) des volumes de Delphes et de Délos et que l'académie des Inscriptions accepte avec une grande satisfaction le patronage des deux œuvres." Hinsichtlich des *Corpus Nummorum* habe es auch eine grundsätzliche Zustimmung zu einer Zusammenarbeit der beiden Akademien gegeben, wie sie Mommsen bei seinem Aufenthalt in Paris vorgeschlagen habe.[63] Für die Veröffentlichung der Sammlung

---

61 Zur Geschichte dieser für den todkranken Delamarre von Hiller von Gaertringen, unter Beteiligung von Wilamowitz und Bernard Haussoullier, fertig gestellten Edition (IG XII 7, Berlin 1908) s. die *Praefatio* von Wilamowitz und Bernard Haussoullier, und WILAMOWITZ, *Erinnerungen 1848–1914*, 2. Aufl., Leipzig 1929, 314.

62 Hans-Markus VON KAENEL, „Arbeitsteilung und internationale Kooperation in der antiken Numismatik? Der gescheiterte Versuch, das *Corpus Nummorum* der Kgl. Preußischen Akademie der Wissenschaften zu Berlin zu einem internationalen Akademieprojekt zu machen (1901)", in: Ulrike PETER (Hrsg.), *Stephanos nomismatikos*, Berlin 1998, 321–332; Hans-Markus VON KAENEL, „Das *Corpus Nummorum* der Kgl. Preußischen Akademie der Wissenschaften zu Berlin als Teil des ‚Großbetriebs der Wissenschaft' – Anspruch und Wirklichkeit", in: Hans-Markus von KAENEL – Maria R.-ALFÖLDI – Ulrike PETER – Holger KROMNICK (Hrsg.), *Geldgeschichte vs. Numismatik. Theodor Mommsen und die antike Münze*, Berlin 2004, 21–35; GRAN-AYMERICH, *Mommsen* (Anm. 3), 210–212.

63 Mommsen hatte anlässlich eines Vortrags vor der Académie des Inscriptions am 7. Juli 1899 eine Kooperation der Akademien vorgeschlagen: „Le projet du *Corpus Nummorum*", *CRAI* 1899, 431–433. Die Akademie hat freilich dieses dann in ihrer Sitzung am 20. Oktober 1899

Waddington sei freilich die Akademie im Jahre 1894 Verpflichtungen eingegangen, die weiterhin beachtet werden müssten. In einem weiteren Brief vom 26. September kündigte Homolle seine Reise für Anfang Oktober an und fügte hinzu: „J'espère préparer avec vous l'entente scientifique que nous souhaitons également l'un et l'autre."

In der Handschrift von Hermann Diels, Sekretar der philosophisch-historischen Klasse der Akademie, liegen mit Datum 5. Oktober 1899 zwei wörtlich identische Exemplare der Vorschläge vor, die Homolle in Berlin gemacht hat:

> „1° L'administration française de l'Instruction publique est disposée à s'entendre avec l'Ac. de Berlin pour publier à ses frais dans la forme adoptée pour le C.I.G. et suivant l'ordre adopté dans le numérotage des volumes, les inscriptions de Delphes et de Délos complètes si l'Ac. de B. veut bien consentir de son côté à lui abandonner l'exécution de cette partie du programme du C.I.G.
>
> 2° L'enteprise sera faite ou directement par le Ministère ou par l'intermédiaire de l'Académie des Inscriptions de Paris.
>
> 3° M. Homolle est décidé à tenir compte des droits acquis par M. Pomtow et à accepter sa collaboration pour les inscriptions découvertes antérieurement à 1892. Son nom figurera à côté de celui de M. Homolle sur le titre de la publication."

Auf dem Exemplar in Berlin findet sich zusätzlich der Vermerk:

> „Diese Vorschläge wurden in der heutigen Sitzung der epigraphischen Commission (Vors. Hr. Kirchhoff, anwesend die HH Hirschfeld und Diels, entschuldigt Hr. Vahlen) einstimmig angenommen und Hr. Homolle versprach auf dieser Basis nach Rücksprache mit dem Ministerium in Paris eine entsprechende Eingabe an die Akademie richten zu wollen."[64]

Mit dem Abkommen konnten zunächst alle drei beteiligen Seiten zufrieden sein. Homolle hatte sein Ziel, die Publikation der Inschriften von Delos und Delphi im Rahmen des CIG zu sichern, erreicht; dieses konnte auf Vollständigkeit im griechischen Raum Europas hoffen; Pomtow war als gleichberechtigter Mitarbeiter an der Edition der delphischen Inschriften anerkannt worden. Wie sich zeigen sollte, hing allerdings alles davon ab, ob Homolle willens und fähig war, seine Verpflichtungen zu erfüllen. Seine Motive dafür, den Weg nach Berlin anzutreten, lassen dies von vornherein als fraglich erscheinen.

abgelehnt. Möglicherweise hat Mommsen während dieses Aufenthaltes in Paris auch mit Homolle über die Zusammenarbeit bei der Inschriftenedition gesprochen und dessen Vorstoß bei dem Minister im August (mit) angeregt.

64 AN F 17/13598; ABBAW, Akten PAW II–VIII, 89, Bl. 112–113 (mit der Unterschrift von Kirchhoff).

X

Nach erzielter Verständigung bedurfte es noch vieler Formalitäten, bis das Abkommen tatsächlich beiderseits ratifiziert war. Es erwies sich in jeder Hinsicht als eine Staatsaktion. Nach Paris zurückgekehrt erstattete Homolle am 10. Oktober 1899 dem Minister einen ersten Bericht, in dem er ein weiteres Mal die Gründe darlegte, die ein Abkommen mit Berlin wünschenswert erscheinen ließen. Die Berliner Akademie habe wiederholt angeboten, dass die Franzosen selbst die Inschriften im Rahmen des CIG publizieren könnten. Allerdings habe dem die öffentliche Meinung entgegengestanden, die eine Veröffentlichung der delphischen Inschriften in einer deutschen Sammlung unfreundlich aufgenommen hätte. Deshalb habe man jetzt Berlin die Publikation in Frankreich angeboten, auf Staatskosten unter dem Patronat der Verwaltung und der Académie des Inscriptions, aber ganz nach den Grundsätzen und im Rahmen des CIG. Andererseits verzichte die Berliner Akademie auf die Bearbeitung dieser von ihr bisher vorgesehenen Bände, von denen einer sich bereits in Vorbereitung befinde. Im Hinblick auf die wohlerworbenen Rechte des damit beauftragten Gelehrten – gemeint ist Pomtow – sei dessen weitere Mitarbeit vorgesehen. Abschließend hebt Homolle den sehr wohlwollenden Empfang durch die deutschen Gelehrten und deren großzügiges Interesse an der eventuellen Zusammenarbeit hervor; man habe sich in wenigen Stunden verständigen können.

In einem zweiten Bericht vom 13. Oktober ergänzte Homolle, dass er im vorläufigen Abkommen mit der epigraphischen Kommission nur die Möglichkeit vorgesehen habe, dass die Académie des Inscriptions die Patronage für die Edition übernehme. Dies erscheine aber nicht nur ihm sehr erwünscht, sondern auch der Berliner Akademie, ohne dass diese es zur Bedingung gemacht habe. Er habe deshalb die Académie über das Abkommen unterrichtet und angefragt, ob sie gewillt sei, offiziell die Patronage zu übernehmen und dabei die von Berlin vorgeschlagene Formel zu akzeptieren: *Corpus inscriptionum graecarum consilio et auctoritate Academiae Francogallicae editarum*. Die Kosten werde dabei das Ministerium tragen. Der Vorschlag sei am 13. Oktober einstimmig von allen Anwesenden gebilligt worden.[65] Er werde jetzt die Berliner Akademie informieren, damit dort das vorläufige Abkommen in der Sitzung vom 19. Oktober gebilligt werden könne.

65 Vgl. das Sitzungsprotokoll der Académie des Inscriptions et Belles-Lettres vom 13. Oktober 1899 (AIF).

Noch am gleichen Tage wandte sich Homolle in einem ausführlichen Brief an Kirchhoff als Vorsitzenden der epigraphischen Kommission und berichtete von der einstimmigen und herzlichen Annahme des vorläufigen Abkommens durch die Pariser Akademie.[66] Er wiederholte dann die Bedingungen des Abkommens mit der Präzisierung, dass die Académie des Inscriptions die Patronage übernehme, die Kosten die Regierung. Die Berliner Akademie werde auf die von ihr vorgesehenen Bände verzichten unter der Bedingung, dass die Mitarbeit von Pomtow gewährleistet sei. Im Folgenden stellte Homolle bereits präzise Fragen zu den Kosten eines Druckbogens, der Auflagenhöhe, den üblichen Freiexemplaren und der Zahl der bisher verkauften Exemplare.

Am 17. Oktober genehmigte der Minister die Vereinbarung zwischen den beiden Akademien und kündigte ab 1. Januar 1900 einen Kredit von 10.000 Francs an.

Aufgrund eines Entwurfs von Otto Hirschfeld, den Diels am 21. Oktober Kirchhoff weiterleitete,[67] teilte dieser am 23. Oktober Homolle die Zustimmung der Akademie zu dem Abkommen am 19. Oktober mit. Dabei informierte er auch darüber, dass inzwischen eine Verständigung mit Pomtow erzielt worden sei. Dieser sei zur Mitwirkung im bezeichneten Umfang bereit. Die Honorierung dafür werde die Berliner Akademie zu den dafür üblichen Sätzen übernehmen. Weiterhin sollten bei Delos auch die Inseln Rheneia und Mykonos hinzugefügt werden, die man nicht gut abtrennen könne. Kirchhoff dankte dann auch für die Bereitschaft in Paris, die Berliner Verpflichtungen bei den Freiexemplaren zu übernehmen.

Daraufhin setzte Homolle am 3. November den Minister von der Zustimmung Berlins in Kenntnis. Am 4. November wandte er sich erneut an ihn mit der Frage, ob man nicht dem Abkommen zwischen den Akademien durch ein formelles Schriftstück noch größere Feierlichkeit verleihen solle, und erbat einen entsprechenden Brief des Ministers an die Académie. Die Berliner Akademie, die „a fait preuve en cette circonstance des dispositions les plus libérales et les plus courtoises", werde dafür sehr empfänglich sein. Homolle wiederholte dann den Inhalt der Vereinbarung vom 5. Oktober mit dem Zusatz der Nachbarinseln von Delos.

Am gleichen Tage dankte Homolle Kirchhoff für seinen Brief vom 23. Oktober, insbesondere auch für die Verständigung mit Pomtow, mit dem er sich persönlich in Verbindung setzen werde.[68]

66 ABBAW, Akten PAW II–VIII, 89, Bl. 114–115.

67 ABBAW, Akten PAW II–VIII, 89, Bl. 123–124.

68 ABBAW, Akten PAW II–VIII, 89, Bl. 126–127.

Der Minister wandte sich gleichzeitig an den Außenminister und teilte ihm den Wortlaut des Abkommens mit. Bemerkenswert ist die nunmehrige Fassung des 3. Punktes:

„M. Pomtow, qui a recueilli, d'ordre et aux frais de l'Académie de Berlin, les inscriptions découvertes à Delphes antérieurement à 1892, s'engage à mettre ses matériaux à la disposition des éditeurs. Il sera mentionné comme collaborateur à côté de M. Homolle sur le titre du volume de Delphes."

Der Minister ersuchte dann seinen Kollegen, den Botschafter Frankreichs in Berlin zu beauftragen, der Akademie der Wissenschaften seinen Dank zu vermitteln und zugleich die Ratifikation der Vereinbarungen vom 5. Oktober durch ihn und durch die Académie des Inscriptions et Belles Lettres mitzuteilen.

Homolle unterrichtete seinerseits am 5. November den Secrétaire perpétuel der Pariser Akademie über die Genehmigung des Abkommens durch die Berliner Akademie. Nun schlage er vor, dass dies durch einen offiziellen Briefaustausch ratifiziert werde. Es werde wohl genügen, wenn die Académie offiziell Berlin mitteile, dass sie die Patronage für diese Publikationen übernommen habe und gleichzeitig ihre Sympathien für diese „entente scientifique internationale" zum Ausdruck bringe.[69]

Immer wieder wird deutlich, dass Homolle alles daran lag, dem Abkommen über die Publikation der delischen und delphischen Inschriften einen möglichst sichtbaren und bindenden Rechtscharakter zu verleihen. Ob seine Sorge vor einer doch möglichen Infragestellung mehr Berlin oder den französischen Kollegen galt, mag dabei offenbleiben.

Der Secrétaire perpétuel, Henri Wallon, entsprach am 17. November in einem Brief an den Präsidenten der Berliner Akademie der von Homolle vorgebrachten Aufforderung:

„L'Académie des Inscriptions et Belles-Lettres a accepté avec empressement la patronage de cette publication spéciale qui lui a été offert, et elle m'a chargé de vous prier de dire à votre Académie qu'elle est heureuse de s'associer, dans cette mesure, à votre grand ouvrage, si justement apprécié du monde savant."[70]

69 AIF E 420.

70 ABBAW, Akten PAW II–VIII, 89, Bl. 128.

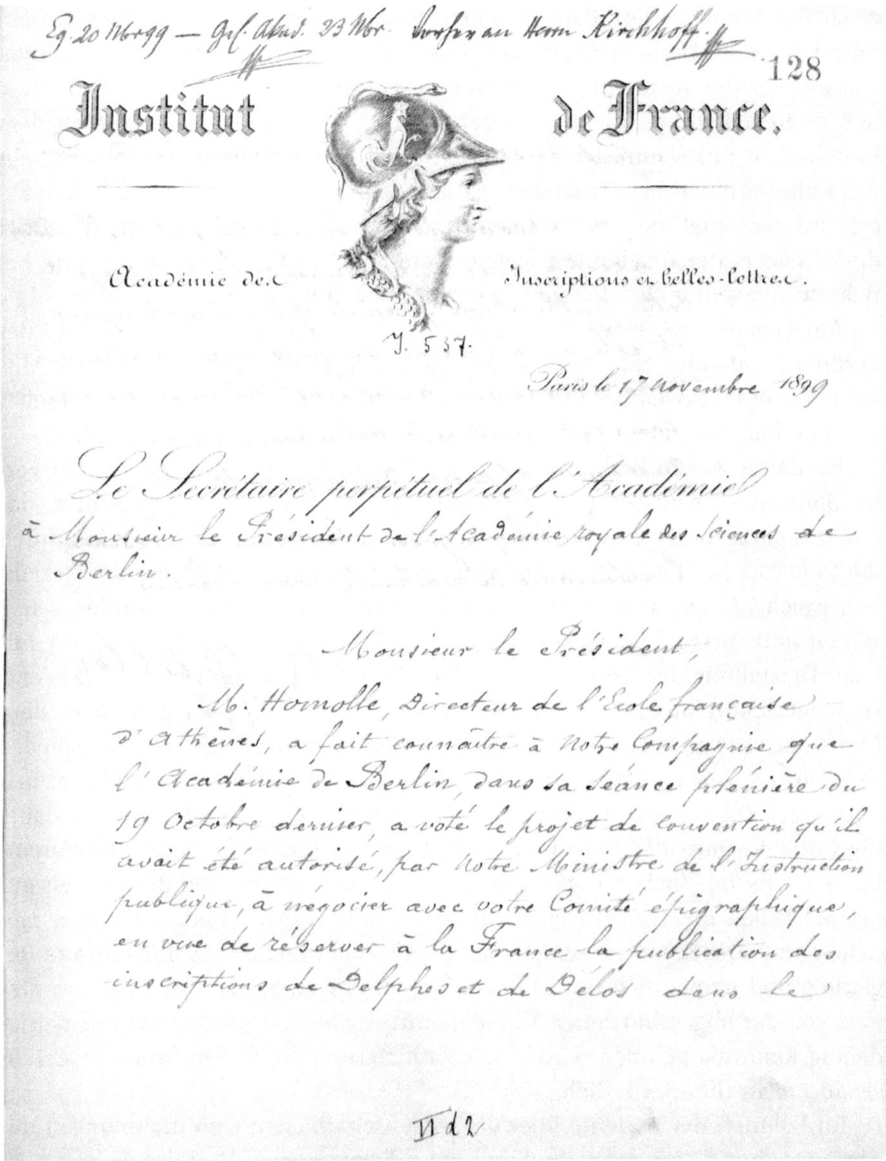
Eg. 20 Nbr 99 – ges. Abd. 23 Nbr. [illegible] an Herrn Kirchhoff

128

Institut de France.

Académie des Inscriptions et Belles-Lettres.

J. 537.

Paris le 17 Novembre 1899

Le Secrétaire perpétuel de l'Académie
à Monsieur le Président de l'Académie royale des Sciences de Berlin.

Monsieur le Président,

M. Homolle, Directeur de l'École française d'Athènes, a fait connaître à notre Compagnie que l'Académie de Berlin, dans sa séance plénière du 19 Octobre dernier, a voté le projet de convention qu'il avait été autorisé, par notre Ministre de l'Instruction publique, à négocier avec votre Comité épigraphique, en vue de réserver à la France la publication des inscriptions de Delphes et de Délos dans le

II d 2

Abb. 6 Ratifizierung des Vertrages durch die Academie des Inscriptions er Belles-Lettres Paris, 17. November 1899 (ABBAW, Akten PAW II–VIII, 89).

Auch der Minister bestätigte in einem Schreiben vom 21. November an den Präsidenten der Berliner Akademie, dass er das Abkommen im eigenen Namen wie in dem der Académie des Incriptions ratifiziert habe.[71] Dieses Schreiben ließ er freilich durch die französische Botschaft in Berlin ganz formell dem Preußischen Kultusministerium übermitteln, so dass es die Akademie erst sehr viel später erreicht hat. Zusätzlich teilte er das am 22. November auch dem Secrétaire perpétuel mit. Dieser antwortete am 28. November. Er habe den Brief des Ministers der Académie zugeleitet, die dafür verbindlichst danke, und berichtete von seinem Brief vom 17. November nach Berlin.

Am gleichen 28. November dankte der zur Zeit vorsitzende Secretar der Berliner Akademie, Wilhelm Waldeyer, dem Secrétaire perpétuel für seine Mitteilung vom 17. November und freute sich seinerseits einer Verbindung, die „der Wissenschaft nur zum grossen Vorteil gereichen kann."[72]

Bis dahin war in Berlin das Kultusministerium in keiner Weise in die Verhandlungen einbezogen worden. Nachdem ihm aber am 30. November das diesbezügliche Schreiben des französischen Ministers vom 21. November durch die französische Botschaft zugegangen war, erkundigte es sich am 20. Dezember, welche Abmachungen zwischen den Akademien getroffen worden seien. Darauf antworteten am 18. Januar 1900 die Secretare Diels und Waldeyer mit einer Darstellung der Gründe, die zu dem Abkommen geführt hatten.[73] Sie entsprachen spiegelbildlich durchaus den von Homolle in Paris gegenüber dem Ministerium vorgebrachten: es habe gegolten, eine unnötige und kostspielige Doppelspurigkeit bei der Edition der Inschriften von Delos und Delphi im beiderseitigen Interesse zu vermeiden. Bemerkenswerterweise schrieben sie dabei die Initiative ganz der französischen Seite zu. Es folgte der Inhalt der Vereinbarung, einschließlich der gewahrten Rechte von Pomtow, und der Verweis auf das Schreiben des französischen Ministers vom 21. November mit seiner Genehmigung. Die Secretare schlossen: „Wir zweifeln nicht, dass auch unsere Regierung und namentlich das Ministerium, an dessen Spitze Ew. Excellenz stehen, von der abgeschlossenen Übereinkunft der beiden Akademien mit Befriedigung Kenntnis nehmen wird." Eine Ratifizierung durch den Minister hielten sie also nicht für erforderlich.

Im Rahmen der Berichte über die wissenschaftlichen Unternehmungen der Akademie berichtete dann Kirchhoff am 1. Februar 1900 über das Abkommen, wobei auch er nur den Vorschlag von Homolle in den Vordergrund rückte.

71 ABBAW, Akten PAW II–VIII, 89, Bl. 129; der Entwurf dazu: AN F 17/13598.

72 AIF E 420; der Entwurf dazu: PAW II–VIII, 89, Bl. 130.

73 Der Entwurf in ABBAW, Akten PAW II–VIII, 89, Bl. 138–139.

Mit welcher Genugtuung man in Berlin auf das Abkommen blickte, machte Diels deutlich, als er bei der Zweihundertjahrfeier der Königlich Preußischen Akademie der Wissenschaften am 19. und 20. März 1900 ausführte:

> „Zweitens hat vor kurzem die Pariser Akademie der Inschriften zu einer Mitarbeit am griechischen Inschriftenwerk, das unser Stolz ist, die Schwesterhand geboten und hat es übernommen, die epigrapischen Ergebnisse der glänzenden Ausgrabungen der französischen Expeditionen in Delphi und Delos in unseren Bänden zu veröffentlichen."
>
> (Lebhafter Beifall.)
>
> „So wird das ein Doppelwerk sein der Pariser und der Berliner Akademie, der französischen und der deutschen Nation, und wir wünschen auszusprechen, dass damit die Verbindung, die im vorigen Jahrhundert zwischen den beiden Akademien bestanden hat und im Anfange dieses Jahrhunderts namentlich durch Alexander von Humboldt noch so glänzend vertreten war, zu unserer grossen Befriedigung wieder aufgenommen, dass die Beziehungen, die niemals hätten gestört werden sollen, wieder angeknüpft worden sind und hoffentlich noch weitere und reichere Fortsetzung in der Zukunft finden werden."
>
> (Lebhafter Beifall.)

So der Bericht in der Festschrift „Die Zweihundertjahrfeier der Königlich Preussischen Akademie der Wissenschaften am 19. und 20. März 1900", Berlin 1900, S. 60.

Damit war der langwierige Vorgang der Ratifizierung der Vereinbarung vom 5. Oktober 1899 in Paris wie in Berlin abgeschlossen. Eine allseits befriedigende und auch inhaltlich vernünftige Lösung aller Probleme war gefunden worden. Die wiederholte Versicherung beider Seiten, dass man eine Zusammenarbeit über die Grenzen hinweg begrüße, darf durchaus ernst genommen werden – auch wenn das manchen Vorstellungen vom damaligen nationalen Furor auch der Wissenschaftler (die dabei selbstverständlich Patrioten waren) widerspricht. Jetzt mussten freilich den hehren Prinzipien auch entsprechende Taten folgen.

2. Das Scheitern des Vertrags

XI

Entsprechend seiner Zusicherung an Kirchhoff am 4. November 1899 hat Homolle sich sogleich mit Pomtow in Verbindung gesetzt und ihn über die geplante gemeinsame Herausgeberschaft orientiert. Dieser dankte ihm dafür am 15. November und legte ihm ausführlich den Inhalt eines Gesprächs dar, dass er mit Kirchhoff bald nach dem Abkommen vom 5. Oktober über die weitere Gestaltung der Arbeit geführt hatte.[74] Kirchhoff habe auch diesen Brief gesehen und gebilligt. Die wesentlichen Punkte des Briefes hat Pomtow selbst in seinem Bericht von 1904 (s. Anm. 15) zutreffend zusammengefasst:

> „1) Dass Herrn Homolle die Neufunde seit 1892, mir die vor diesem Termin aufgedeckten Inschriften zur Bearbeitung zufallen sollten und wir beide auf dem Titel als Herausgeber genannt würden. Die Abgrenzung unserer beiderseitigen Thätigkeit solle in der Vorrede auseinandergesetzt werden, auch wenn sich im Einzelnen kein scharfer Strich zwischen den von Homolle und mir bearbeiteten Texten werde ziehen lassen.
>
> 2) Die Indices könnten naturgemäss nur von *einem* der beiden Redakteure hergestellt werden und ich hätte dieselben für *meinen Teil* bereits ausgearbeitet. Damit deutete ich an, dass ich ihre Redaktion auch für das Ganze übernähme.
>
> 3) Betreffs der von mir für die Corpus bereits hergestellten und verauslagten Inschriftentafeln und Facsimili sowie des Polygonmauerplanes und Dorfplanes antwortete Professor Kirchhoff, dass diese Kosten von jetzt ab naturgemäss dem künftigen Hersteller des Werkes und dem Träger der Druckkosten, d.h. der Pariser Akademie zur Last fielen."

Pomtow berichtete dann weiter Homolle, dass Kirchhoff ihn dann gefragt habe, ob er unter diesen Umständen die Mitherausgeberschaft übernehmen wolle. Im Falle der Ablehnung müsse freilich mit der Fertigstellung des delphischen Bandes bis zur Publikation der französischen Gelehrten bzw. bis zum Ablaufen von deren alleinigem Publikationsrecht (fünf Jahre) gewartet werden, womit weder der Wissenschaft noch der Akademie gedient sei. Er habe zugesagt, obwohl er damit seine eigene schon geleistete Weiterarbeit an den bisher veröffentlichten französischen Inschriften habe aufgeben müssen. Andererseits habe ihn die Aussicht einer ertragreichen Zusammenarbeit gefreut. Voraussetzung dafür sei aber, „dass das etwa zur Ergänzung der Texte und Namen u(nd) d(er)-gl(eichen) beiderseits nöthige Material an Abklatschen, Copien und Indices jedem der beiden Redakteure gleichmässig zur Verfügung stünde, und dass bei

---

74 BIF NL Homolle, Ms. 3889; den Entwurf dazu – datiert vom 14. November – hat Pomtow seinem Bericht vom 21. Juli 1904 als Anlage 3 beigefügt.

jeder Nummer [...] der betreffende Bearbeiter – etwa durch Hinzufügen der Initialen – kenntlich gemacht werde. Andernfalls wäre es für den Benutzer nicht ersichtlich, wer mit Wendungen, wie z.B. ‚lapidem con*tuli*' u. dergl. gemeint sein solle."

Pomtow hat auf diesen Brief von Homolle keine Antwort bekommen. Dagegen teilte ihm Kirchhoff mit Postkarte vom 3. Dezember mit, dass die Akademien beiderseits ihre Ratifikationen ausgetauscht hätten. „Möge es Ihnen bald gelingen, sich über den ‚modus procedendi' mit ihm (sc. Homolle) ins Reine zu setzen, um die Arbeit in zielbewusster Weise in Angriff nehmen zu können." Er bat darum, weiterhin über den Stand der Sache informiert zu werden.

Am 26. Februar 1900 meldete sich Pomtow nochmals mit einem ausführlichen Brief bei Homolle.[75] Er nahm eine stillschweigende Zustimmung zu seinem ersten Schreiben an und versuchte, unter Verweis auf den wiederholten Auftrag der Epigraphischen Kommission und ihres Vorsitzenden Kirchhoff, die sachliche Zusammenarbeit zu eröffnen. In einem ersten Teil legte er ausgehend von einer früheren Absprache mit Dittenberger dar, in welche Sachgruppen die delphischen Inschriften am besten einzuteilen seien, wobei wegen ihrer großen Zahl mehrere Teilbände notwendig würden, und erbat dazu die Ansicht von Homolle. Innerhalb jeder Sachgruppe müssten die vorhandenen Texte chronologisch geordnet werden, um „wenigstens eine provisorische Zählung und einen Überblick des Vorhandenen zu erhalten", was Pomtow sogleich mit einer Aufzählung aller ihm bekannten *decreta Amphictionum* exemplifizierte. Zugleich bat er Homolle darum, weitere Dekrete oder auch Fragmente solcher in diese Aufzählung einzureihen.

Grundsätzlich führt er dann aus, dass die Anordnung aller Texte von der Archontenfolge abhinge, die im 3. Jahrhundert noch sehr unsicher sei. Er habe Homolle bereits früher mitgeteilt, dass er die Archonten- und Beamtenlisten von 592 v. Chr. – c. 126 n. Chr. für die *RE* bearbeitet habe und hoffe nun für deren Komplettierung und Berichtigung auf seine Hilfe wie die von Bourguet und Colin. Die Druckfahnen werde er demnächst erhalten und ihnen dann auch zugehen lassen; sie bildeten eine Vorarbeit „zu unserem delphischen Corpus, dessen Numerierung auf ihnen beruht." Bis Ende April hoffe er auf weitere Ordnungsarbeiten durch sie beide, so dass „dann der Bearbeitung der ganzen *Pars I* (sc. der Dekrete) durch Jeden von uns nichts mehr im Wege steht."

Eine nötige Vorarbeit sei aber auch die Ermittlung der Einmeisselungsfolge der Texte auf der Polygonmauer. Er habe dazu einen neuen Plan erstellt, um dessen Prüfung und Vervollständigung er bitte, um die bisherige Zählung noch

75 BIF NL Homolle, Ms. 3889.

berichtigen zu können. Er bitte auch im Namen der Akademie um Abklatsche der 21 Blöcke der Strecke AB bzw.bei den verlorenen Blöcken um Übermittlung der alten Abklatsche von Le Bas aus der Sorbonne. Professor Diels habe diese gerade für ihn aus der Sorbonne erbitten wollen, als Homolle in Berlin eingetroffen sei.

Pomtow war also bereit und willens, mit Elan an die Realisierung des gemeinsamen Unternehmens heranzugehen. Wiederum erhielt er aber von Homolle keine Antwort auf seine Vorschläge. Nach der Aussage im Bericht von 1904 (Anm 15) habe er lediglich „eine zweimalige grössere Abklatschsendung von Texten der jetzt aufgedeckten Anfangsstrecke der Polygonmauer" erhalten. Sie seien aber „meist so mangelhaft ausgefallen, dass sie keinerlei Nutzen gewähren konnten." Allerdings haben wir bereits gesehen, dass Pomtow gerade in dieser Zeit gut mit Bourguet und Colin bei der Vervollständigung und Korrektur seines *RE*-Artikels zusammengearbeitet hat. Wenigstens diese Kooperation ist damals zustande gekommen.

Pomtow berichtet weiterhin im Jahre 1904, er habe daraufhin Kirchhoff gefragt, ob die Akademie keinen Zeitpunkt für den Beginn der ‚collaboration' vereinbart habe. Dieser habe darauf geantwortet: „Nein! Aber die Franzosen würden sich doch blamieren, wenn sie nicht die Mitarbeit *sofort* begönnen!" Aber auch eine von Kirchhoff veranlasste offizielle Anfrage durch den vorsitzenden Secretar der Akademie, Diels, nach dem Beginn der Zusammenarbeit sei von Homolle unbeantwortet geblieben. Er habe daraufhin die Weiterarbeit am Corpus sistiert und sich bei der preußischen Regierung zum Wiedereintritt in den Schuldienst gemeldet.

Im Nachhinein hat sich Pomtow im Jahre 1904 das Schweigen von Homolle folgendermaßen zu erklären versucht:

> „Ich war von Professor Kirchhoff ermächtigt worden, dem Mitherausgeber alle Einzelheiten aus meinem unedierten Material, die er wünschen konnte, zur Verfügung zu stellen. Herr Homolle selbst scheint aber angenommen zu haben, dass ihm durch das Abkommen beider Akademien mein ganzes bisheriges Schedenmaterial im Original sogleich ausgeliefert werden würde und dass ich mich mit der Ehre begnügen solle, auf dem Titel als Herausgeber genannt zu werden. Als die Möglichkeit eines derartigen Missverständnisses später berührt wurde, wies Pofessor Kirchhoff den Gedanken an eine solche ‚Auslieferung des gesammten Materials' ebenso entrüstet zurück wie ich. Und trotzdem scheint mir sowohl hierin wie in dem diesseitigen Unterlassungsfehler betreffs Festsetzung des Zeitpunktes der ‚collaboration' die Erklärung dafür zu liegen, weshalb die ganze Angelegenheit völlig in's Stocken geraten ist."

Diese Erklärung trifft sicher Richtiges, greift aber insgesamt zu kurz. Pomtow konnte sich also gar nicht vorstellen, dass Homolle das Abkommen nur angestrebt hatte, um seine Arbeit an dem delphischen Corpus zu blockieren. Seine

Vorschläge für eine gedeihliche und speditive Zusammenarbeit waren völlig utopisch, weil auf französischer Seite überhaupt nicht die Voraussetzungen für eine so umfangreiche Editionsarbeit bestanden. Homolle kann die Vorschläge nur mit Kopfschütteln, vielleicht mit Unbehagen, gelesen haben, wollte aber natürlich keinen Offenbarungseid hinsichtlich ihrer Unausführbarkeit leisten. So schwieg er lieber. Vielleicht hatte er sich aber auch nicht genügend den Umfang der Aufgabe klar gemacht und schlicht angenommen, Pomtow werde nun eben die vor 1892 gefundenen Inschriften edieren, ohne zu berücksichtigen, dass dies bei der seriellen Natur gerade der delphischen Inschriften nur möglich war, wenn gleichzeitig ein Überblick über das gesamte Material gegeben war. So oder so, es ist klar, dass Homolle nicht im Entferntesten beabsichtigt hat, das Abkommen zu erfüllen, es also *mala fide* geschlossen hat.

Am 26. Februar 1900 hat Diels die Fragen von Homolle hinsichtlich der Druckmodalitäten beantwortet, die dieser am 13. Oktober 1899 gestellt hatte.[76] Die Kosten des Verlegers beliefen sich auf 220 bis 250 Mark, wozu noch die Aufwendungen der Akademie für Clichés, Ligaturen, Tafeln usw. kämen. Die Auflagenhöhe betrage 800 Exemplare, wovon 100 Freiexemplare für die Akademie seien, die sie bis auf 18–20 sofort zu verteilen pflege. Nach den Erfahrungen der letzten zehn Jahre seien für den Absatz der ersten 350 Exemplare mindestens sechs Jahre erforderlich, der weitere Absatz vollziehe „sich dann in allmählich sich verlangsamendem Tempo." Die Preisfestsetzung für jeden Band erfolge durch Absprache zwischen Verlag und Akademie und dürfe ohne deren Genehmigung nicht verändert werden. Dabei sollten durch den Verkauf der ersten 350 Exemplare die Herstellungskosten des Verlegers gedeckt werden. Für alle weiteren innerhalb von 15 Jahren verkauften Exemplare werde „die Hälfte des Buchhändlernettopreises an die Akademie ausgezahlt."

Am 21. März hat Homolle diese Angaben dem Minister übersandt.[77] Er fügte die Frage hinzu, ob die Publikation der delphischen Inschriften in Facsimile weiterhin möglich sei und ob er damit in diesem Jahr fortfahren solle. Er bezweifle, dass das Corpus in diesem Jahr gedruckt werden könne, so könne man 10.000 Francs – gemeint sind wohl die vom Minister am 17. Oktober 1899 in Aussicht gestellten 10.000 Francs – dafür aufwenden.

76 ABBAW, Akten PAW II–VIII, 89, Bl. 152.

77 AN F/17/13598.

XII

Während er den direkten Kontakt mit Pomtow vermied, machte Homolle am 26. Oktober 1900 mit einem Brief an Diels einen anderen Vorstoß.[78] Vor dem Beginn der Arbeit an der Publikation der Inschriften von Delphi und Delos müsse er einen Punkt klären, nämlich die Frage der Wiedergabe der Texte in Majuskeln (caractère épigraphique). Diese erscheine ihm zunehmend zu aufwendig, dabei aber auch trügerisch in ihrer vorgeblichen Exaktheit. Die Vorteile, die man in ihnen vergeblich suche, finde man in Facsimiles (Heliogravüren und Lichtdruck), die die französische Regierung von Anfang an für die Publikation der Grabungsergebnisse in Delphi vorgesehen habe. Im Übrigen würden die Bände weiterhin denen in Berlin entsprechen, nur eben ohne die Majuskeln. Dementsprechend bitte er Diels, bei der epigraphischen Kommission und bei der Akademie in diesem Sinne vorstellig zu werden.

Diels antwortete ihm am 2. November.[79] Er habe die Frage zunächst mit Kirchhoff als dem Vorsitzenden der Kommission besprochen und dann der philosophisch-historischen Klasse am 1. November vorgelegt. Diese habe ihn „ermächtigt, Ihnen mitzuteilen, daß sie principiell gegen einen Ersatz der Majuskelumschrift durch photographische Reproductionen in den beiden von Ihnen geplanten Bänden des C.I.G. nichts einzuwenden habe." Sie wolle aber dann „Probedrucke der verschiedenen Reproductionsarten kennen lernen und dabei erfahren, wie Sie die Wiedergabe der nicht im Original erhaltenen Inschriften einzurichten gedenken, da diese Fragen auch für uns von Interesse sind."

Die Anfrage von Homolle entsprach sachlich, wie gleich zu zeigen ist, durchaus der neuesten Entwicklung innerhalb der Epigraphik. Gleichwohl ist nicht zu verkennen, dass er taktisch vor allem den Boden für sein schon seit geraumer Zeit geplantes ‚Parallelunternehmen' zu den CIG vorzubereiten bestrebt war.

Dieses kündigte er, ohne darauf in seinem Brief Bezug zu nehmen, der Berliner Akademie dadurch an, dass er den Prospekt der geplanten Edition der ‚Fouilles de Delphes' beilegte.[80] Dieser sah neben einer einbändigen ‚Publication provisoire' eine ‚Publication définitive' vor, die fünf Bände umfassen sollte, darunter ‚Bd. III Épigraphie'. Diels fügte auch diesen Prospekt den Akten ein.

78 ABBAW, Akten PAW II–VIII, 89, Bl. 163–164.

79 ABBAW, Akten PAW II–VIII, 89, Bl. 166.

80 ABBAW, Akten PAW II–VIII, 89, Bl. 167.

Nach der Ankündigung sollte dieser Band aber keine Konkurrenz zu der Publikation im Rahmen des CIG darstellen.[81]

Abb. 7 Friedrich Frhr. Hiller von Gaertringen (1864–1947), Wissenschaftlicher Beamter der Inscriptiones Graecae von 1904 bis 1929. Photo von 1914. Archiv IG.

Abb. 8 Ulrich von Wilamowitz-Moellendorff (1848–1931), Vorsitzender der epigraphischen Kommission der PAW von 1902–1931. Photo von R. Dührkopp. Archiv IG.

XIII

Der Schluss des Briefes von Diels lässt schon erkennen, dass innerhalb der Berliner Akademie ähnliche Überlegungen wie die von Homolle vorgetragenen bereits angestellt worden sind. Dazu haben wir auch einen wichtigen Absatz in dem Brief von Homolle jetzt zu ergänzen. Er bat nämlich Diels: „Veuillez [...] préparer la solution officieusement d'accord avec M. v. Wilamowitz à qui je fais part aussi de mon intention et dont j'invoque l'autorité avec la vôtre."

81 Er sollte 200 Tafeln umfassen mit dem Zusatz im Prospekt: „Les transcriptions et commentaires seront publiés sous les auspices du Gouvernement français et de l'Académie des Inscriptions et Belles-Lettres dans le format du ‚Corpus inscriptionum graecarum' de Berlin, avec la collaboration, pour les textes découverts avant 1891, de M. Pomtow."

Damit betritt ein weiterer entscheidender Akteur in dem hier zu betrachtenden Drama die Bühne, von dem bisher nur sehr peripher die Rede war. Wilamowitz war wie sein Schwiegervater Mommsen stets Altertumswissenschaftler in einem sehr breiten Sinne gewesen, mit einem großen Interesse auch für die griechischen Inschriften. Dieses war im Jahre 1897 aktualisiert worden, in dem Wilamowitz sich zu dem Kongressplan von Homolle zu äußern hatte (Anm. 42). Gleichzeitig aber informierte ihn Diels am 6. März 1897 über ein Schreiben Teubners, der offenbar eine modernisierte Ausgabe der griechischen Inschriften in Minuskeln in seinem Verlag angeregt hatte.[82] Er habe deshalb Kirchhoff angefragt, der sich dazu nicht imstande sehe, aber nichts dagegen habe, falls Reimer (der Verleger des CIG) so etwas unternehme und einen geeigneten Herausgeber fände. Diels fuhr fort:

> „Meine Frage geht nun dahin, ob Du (als präsumptiver Nachfolger Kirchhoffs) meinen Plan billigst und etwa geneigt wärest die Oberleitung dieses Minuskelcorpus zu übernehmen. Wäre dies letztere der Fall, so würde ich es für möglich halten (es wenigstens versuchen) die Sache direct unter die Akademie zu stellen. Überlege Dir die Sache. Es wäre eine hübsche Gelegenheit die versumpfte Corpussache unauffällig in den richtigen Gang zu bringen und ebenso unauffällig die Schritte vorzubereiten, die notwendigerweise künftig in der Academie geschehen müssen."

Wilamowitz, der gerade dabei war, von Göttingen an die Berliner Universität zu wechseln, antwortete am 8. März grundsätzlich interessiert und stellte dazu weitere Überlegungen an, sah sich aber im Moment nicht in der Lage, hier aktiv zu werden. Auch in seinen Briefen vom 27. August und 3. Oktober 1897 kam er ausführlich auf die Frage des Corpus minusculum zu sprechen, dann aber verlief die Angelegenheit momentan im Sande.

Im Jahre 1900 hatte Wilamowitz jedoch im Rahmen einer Rezension von Otto Kerns ‚Inschriften von Magnesia' wieder Gelegenheit, sich zu dem Problem der Majuskeln/Minuskeln zu äußern.[83] Der Band gab die Inschriften durchgehend in Minuskeln, und Wilamowitz, der selbst an ihm mitgearbeitet hatte, rechtfertigte dieses in einer so ausführlichen und grundsätzlichen Weise, dass es

---

82 Maximilian BRAUN – William M. CALDER III – Dietrich EHLERS (Hrsg.), *„Lieber Prinz". Der Briefwechsel zwischen Hermann Diels und Ulrich von Wilamowitz-Moellendorff (1869–1921)*, Hildesheim 1995, 165–167; 167–172 die Briefe von Wilamowitz.

83 Ulrich VON WILAMOWITZ-MOELLENDORFF, Besprechung zu: Otto KERN, *Die Inschriften von Magnesia am Maeander*, Berlin 1900, in: *GGA* 1900, 558–580; wieder in: *Kleine Schriften* V 1, Berlin 1937, 343–368 (danach zitiert). Zum programmatischen Charakter der Rezension äußert sich Wilamowitz selbst in seinen *Erinnerungen* (Anm. 61), 306 f.: „Ich hatte längst eine feste Ansicht über die Behandlung der Inschriften, und hatte sie auch 1900 in einer Besprechung von denen von Magnesia ausgesprochen." Vgl. auch seinen Akademie-Bericht über die Sammlung der griechischen Inschriften 1914, in: *Kleine Schriften* V 1, 402–411, hier: 409.

schon als ein Programm dafür gelesen werden konnte, wie er sich seine Tätigkeit auch im Rahmen des CIG vorstellte:

> „Von einem Buch geben wir den umgeschriebenen und emendierten Text mit kritischem Apparate: analog werden wir doch auch verfahren, wenn ein Text auf Stein steht. Es steht also nur noch die Art der Umschrift zur Debatte. Eine solche ist auch die Majuskelpublikation, nichts anderes [...] prinzipiell muß ich der Majuskel das Existenzrecht absprechen, und zwar durchweg, auch für das Corpus Inscriptionum Graecarum [...] die Herausgabe soll grundsätzlich Minuskelumschrift unter Beigabe reichlicher mechanischer Reproduktionen des Wichtigen geben."[84]

Wilamowitz hat seine Rezension der Inschriften von Magnesia an Bernard Haussoullier geschickt, der „le manifeste de Wilamowitz" in seinem Brief vom 10. Oktober 1900 ausführlich gewürdigt, seinem Plädoyer für die Minuskeln aber nur mit gewichtigen Vorbehalten zugestimmt hat.[85] Gleichzeitig hat Haussoullier seine eigene Rezension der Inschriften von Magnesia angekündigt, die dann in der Revue Critique erschienen ist.[86]

Es ist daher durchaus wahrscheinlich, dass Homolle direkt (durch Zusendung von Wilamowitz) oder indirekt (durch Haussoullier) Kenntnis von diesem Manifest gehabt hat und sich dadurch – im Wissen um einen einflussreichen Mitstreiter in Berlin – zu seinem Vorstoß vom 26. Oktober 1900 hat anregen lassen.

Am 21. Juli 1902 übernahm Wilamowitz (Abb. 8) von Kirchhoff den Vorsitz der epigraphischen Commission und damit die Verantwortung für die Edition der griechischen Inschriften.[87]

XIV

Pomtow, inzwischen Oberlehrer am Kgl. Luisen-Gymnasium in Berlin, hielt an seinem völligen Rückzug in den Schuldienst nicht lange fest. Schon am 28. April 1902 richtete er ein Gesuch an die philosophisch-historische Klasse der Berliner Akademie.[88] Zur Entlastung des Kommentars der Sammlung der delphischen Inschriften seien umfangreiche Vorarbeiten notwendig. Nach der Bearbeitung

---

84 WILAMOWITZ, Besprechung Kern (Anm. 83), 345. 347.

85 Brief in der Niedersächsischen Staats- und Universitätsbibliothek Göttingen, NL Wilamowitz.

86 *Revue Critique d'histoire et de littérature* 51, 1901, 205–211.

87 Bericht über die Sammlung der griechischen Inschriften vom 5. Februar 1903; vgl. Wolfhart UNTE, „Wilamowitz als wissenschaftlicher Organisator", in: William M. CALDER III – Hellmuth FLASHAR – Theodor LINDKEN (Hrsg.), *Wilamowitz nach 50 Jahren*, Darmstadt 1985, 744–755.

88 ABBAW, Akten PAW II–VIII, 89, Bl. 210.

der chronologischen Fragen[89] wolle er nun die topographischen Fragen in Angriff nehmen, was insbesondere umfangreiche Untersuchungen zu den Weihgeschenken (Anathemata) erfordere, die er mit einer Sammlung aller antiken Schriftquellen und der Feststellung ihrer Abhängigkeitsverhältnisse vor mehr als zehn Jahren begonnen habe.[90] Da ihm der Schuldienst dafür aber zu wenig freie Zeit lasse, bitte er die Akademie, beim Ministerium eine Verminderung der „Pflichtstundenzahl um wöchentlich etwa sechs Stunden für die Zeit bis Ostern 1903" zu befürworten.

Es wird deutlich, dass Pomtow die Arbeit an den einzelnen Inschriften wegen der fehlenden Kooperation mit Paris zurückgestellt hatte, um weiterhin grundsätzliche Fragen in Delphi zu klären.

Pomtows Gesuch wurde von den Sekretaren der Akademie am 5. Mai 1902 empfehlend weitergeleitet.[91] Wegen einer Krankheit und ungenügender Entlastung von Korrekturarbeiten an der Schule kam er in den nächsten Monaten aber kaum mit seiner Arbeit voran.[92]

Nach seinem Bericht von 1904 (s. Anm. 15) wollte er deshalb im November 1902 den neuen Leiter des Inschriftenwerkes, Wilamowitz, für die Befürwortung eines weiteren Gesuchs gewinnen, ihm für das Jahr von Ostern 1903–1904 einen Halb-Urlaub zu gewähren. Wilamowitz sei aber sofort auf die Vollendung des Delphischen Corpus zu sprechen gekommen und habe eine Zahlung angeboten, weil er „in den verflossenen 15 Jahren noch keinen Pfennig dafür erhalten habe." Dies habe er abgelehnt – Pomtow hatte in der Vergangenheit immer wieder keine Honorierung gewollt, weil er fürchtete, dadurch die Rechte auf seine Arbeit zu verlieren (in der Tat kann derartiges durchaus die Absicht von Wilamowitz gewesen sein) – und stattdessen Wilamowitz seinen Brief an Homolle vom November 1899 „als die Grundlage (s)eines Verhältnisses zu der preussischen und zu der Pariser Akademie" übergeben. Dieser habe daraufhin geäußert:

> „das sei damals ganz richtig abgemacht worden, aber eine solche Arbeit, wie es das Corpus der delphischen Inschriften jetzt geworden sei, könne naturgemäss nur von *Einem* und an *einem* Ort bearbeitet werden. Er bäte mich darum, die Arbeit an den Anathemata aufzuschieben und *meinen* Teil des delphischen Corpus möglichst *bald zu vollenden*, sodass er an Homolle nach Paris abgehen könne."

89 Pomtow, *Delphische Chronologie*, Stuttgart 1901 (Sonderdruck aus *RE* IV; s. Anm. 40).

90 Eine Vorarbeit dazu war: Pomtow, „Die dreiseitige Basis der Messenier und Naupaktier zu Delphi", *Neue Jahrbücher für Philologie und Pädagogik* 153, 1896, 505–536. 577 ff. 754 ff.

91 ABBAW, Akten PAW II–VIII, 89, Bl. 211.

92 Immerhin äußerte er sich in Auseinandersetzung mit Adolf Furtwängler und Homolle ausführlich zu den athenischen Weihgeschenken in Delphi: *Berliner Philologische Wochenschrift* 22, 1902, 700–702. 1001–1005. 1050–1053.

Pomtow war nach seinem Bericht über dieses Ansinnen, das dem Abkommen von 1899 klar widersprach, sehr betroffen. Nachdem ihm aber Hiller geraten hatte, eine durch die Akademie herzustellende Kopie und nicht die Originalscheden nach Paris zu senden, sei er darauf eingegangen.

Er stellte folglich am 1. Dezember 1902 erneut einen Antrag an die Akademie, ihn bei dem Gesuch um einen Halb-Urlaub zu unterstützen.[93] Am 3. Dezember sandte er diesen Wilamowitz zu, der ihm seine Unterstützung in der Sitzung der historisch-philosophischen Klasse am 11. Dezember bereits zugesagt hatte. Dabei kündigte er einen modifizierten Vorschlag hinsichtlich der delphischen Inschriften an. Sogleich bei Beginn des neuen Halb-Urlaubs werde er die Scheden des C.I.G.S. II vollenden und ihm etwa Anfang Juli 1903 die Fertigstellung mitteilen. An Homolle solle dann aber eine Kopie geschickt werden, „während die Originale in unserem Besitz (sc. der Akademie) verbleiben." Pomtow bezieht sich dabei ausdrücklich auf Hiller. Er fügt dann hinzu:

> „Dieser Ausweg [...] gestattet mir, an den Scheden die neu hinzukommende Litteratur nachzutragen, – und macht doch Herrn Homolle und mich unabhängig voneinander."

Wilamowitz antwortete ihm mit Postkarte vom 5. Dezember:

> „Wenn Sie so verfahren, dass Sie Ihren Teil an dem delphischen Corpus nächsten Sommer loswerden, so schaffen Sie sich einen Stein vom Herzen und ich zweifle nicht, dass die Akademie Ihnen äusserst dankbar sein wird. Von mir kann ich das auf das lebhafteste versichern."

Gleichzeitig leitete er das Gesuch an den vorsitzenden Secretar, Diels, weiter und fügte hinzu, „dass der Petent mir gegenüber sich verpflichtet hat, im Falle seiner Entlastung die Arbeit, die er für die Akademie übernommen hat, in weniger als Jahresfrist zu leisten."

Am 28. Februar 1903 kam Pomtow nochmals auf die Anfertigung der Kopien zurück und bat Wilamowitz um Bewilligung der Kosten für Kopien der Scheden und Zeichnungen, eventuell auch der großen Indices. Er werde dann

> „erneut versuchen, mit Homolle in Rapport zu treten, indem ich ihm von unserer entgegenkommenden Absicht Mitteilung mache und ein gleichmässiges Vorgehen in Bezug auf Facsimiliren etc herbeiführe, auch eine Anzahl Abklatsche erbitte und wegen der Indices anfrage. Gleichzeitig lasse ich ihm meine Anzeige der ‚Fouilles de Delphes' zugehen, in der ich mich bemüht habe, redliche Anerkennung auszudrücken, ohne der Wahrheit Zwang anzuthun."

93 ABBAW, Akten PAW II–VIII, 89, Bl. 220–221. Bemerkenswert ist, dass er für die Finanzierung auf einen etatmäßigen Fonds in Höhe von 25.000 Mark verweisen konnte „zur Unterstützung wissenschaftlicher Arbeiten der Gymnasiallehrer." *Tempi passati.*

Pomtow ging also noch immer davon aus, dass es zu einer Zusammenarbeit mit Homolle kommen werde.[94] Wilamowitz dagegen bewilligte ihm mit seiner auf Pomtows Brief notierten Antwort vom 2. März 1903 zwar die Kopierkosten für die Scheden, nicht für das Übrige, untersagte ihm aber, Homolle von der beabsichtigten Übersendung Mitteilung zu machen und überhaupt im Namen der Akademie zu reden. Dies liegt auf derselben Linie wie seine Bemerkungen vom 5. Dezember 1902. Er wollte, dass Pomtow seinen Teil der Arbeit möglichst bald abschließe, und alles andere dann Homolle überlassen.

Generell lag Wilamowitz damals an einem durchgreifenden Neuanfang des griechischen Inschriftenwerkes, das sich seiner Meinung nach unter Kirchhoff zuletzt verzettelt hatte.[95] Programmatisch machte er das deutlich, indem er die bisher nebeneinander stehenden ‚Corpora Inscriptionum Graecarum' unter dem neuen Titel ‚Inscriptiones Graecae' (IG) zusammenfasste. Am 26. April 1903 teilte er der Kommission für die griechischen Inschriften noch mit, dass er die Zustimmung von Homolle (wegen Delos und Delphi) abwarte. Nachdem er diese mit Brief von Homolle vom 23. Juni erhalten hatte, konnte die Neueinteilung und die neue Nummerierung bekannt gegeben werden.[96] Vol. VIII sollten danach die ‚Inscriptiones Delphorum' sein, vol. XI die ‚Inscriptiones Deli'; beide mit dem Zusatz „edentur consilio et auctoritate Academiae Franco-Gallicae."

Wilamowitz bemerkte zu der Neubezifferung:

> „Diese wird mit Rücksicht auf die Zukunft gleich auf die gesamten Inschriften Europas ausgedehnt; damit ist jedoch weder über den Zeitpunkt der Bearbeitung etwas ausgesagt, noch die Hereinziehung der Inschriften anderer Landschaften ausgeschlossen."[97]

---

94 Das macht seine Anzeige auch deutlich: Rezension zu: *Fouilles de Delphes* II: Albert Tournaire, *Topographie et architecture. Relevés et restaurations*, Fascicule 1, Planche V–XVI, Paris 1902, in: *Berliner Philologische Wochenschrift* 23, 1903, 235–245. 253–276.

95 Dazu Wilamowitz, Akademie-Bericht von 1914 (Anm. 83); *Erinnerungen* (Anm. 61), 306–308; Unte, „Wilamowitz als wissenschaftlicher Organisator" (Anm. 87), 744–755; Rebenich, „Berlin und die antike Epigraphik" (Anm. 2), 25–28 (mit weiterer Lit.); Rebenich, *Die Deutschen und ihre Antike. Eine wechselvolle Beziehung*, Stuttgart 2021, 87–89.

96 *SB Ak. Berlin* 1903, 703 (Sitzung vom 25. Juni 1903).

97 Vgl. Wilamowitz im Bericht über die Sammlung der griechischen Inschriften vom 28. Januar 1904 vor der Akademie (*SB Ak. Berlin* 1904, 226): „Damit ist ein Arbeitsprogramm aufgestellt, das weder die schleunige Ausführung aller Theile unbedingt fordert, noch eine Erweiterung der geographischen Grenzen ausschliesst [...] Freilich der Name Corpus ist aufgegeben, denn dass die Akademie ebenso alle griechischen Inschriften herausgäbe wie alle lateinischen, ist weder möglich noch wünschenswerth. Insbesondere liegen die Kleinasiens in der sicheren Hand des Österreichischen archäologischen Institutes. Aber so viel verspricht unser Programm allerdings, dass die Akademie für die griechische Epigraphik Europas sorgen will."

Trotz der damit angedeuteten Flexibilität ging er aber de facto, wie schon Mommsen in seinen Verhandlungen mit Homolle,[98] davon aus, dass die Berliner Akademie außerhalb Europas nur in ganz begrenztem Maße tätig werden könne und solle.[99]

Sehr klar spricht er dies in seiner Antwort an Seymour de Ricci (1881–1942) aus, der ihm mit Brief vom 25. April 1904 angeboten hatte, im Rahmen der neugeschaffenen IG das ‚Corpus Inscriptionum Graecarum Aegypti et Africae' als vol. XV zu übernehmen. Wilamowitz antwortete ihm am 30. April:

> „Seitdem ich die Arbeiten der Akademie für die griechischen Inschriften leite, habe ich mich bestrebt einen Arbeitsplan aufzustellen, der mit unseren Mitteln übereinstimmt. Aber nicht nur deshalb habe ich den Verzicht auf das allumfassende Corpus inscriptionum graecarum ausgesprochen, sondern weil ich die Gleichberechtigung der anderen Culturvölker anerkenne. Es hatte mehrfach verlautet, dass Frankreich eine Sammlung der griechischen Inschriften Aegyptens plane. Dem habe ich mit Absicht Raum gelassen. Schon das Andenken Letronnes schien mir das zu fordern. Nicht ohne meine persönliche, wenn auch noch nicht officielle Mitwirkung ist der Vertrag unserer Akademie mit der Pariser über Delos und Delphi zu stande gekommen, auf den ich höchsten Wert lege.[100] Wollte die Pariser Akademie in gleicher Weise andere Teile bearbeiten, so würde ich alles was ich könnte dazu tun."[101]

Deutlicher konnte Wilamowitz nicht zum Ausdruck bringen, wie sehr ihm an der Internationalität der Wissenschaft und insbesondere an der Zusammenarbeit mit Frankreich gelegen war. Es ist eine Klischeevorstellung, in Berlin habe man damals Wissenschaft allein zu nationalem Ruhme betrieben – das hatten Männer wie Mommsen, Wilamowitz und manche andere nicht nötig. Jede Leistung freute sie, gleich von woher sie kam.[102]

Im Herbst des Jahres 1903 machte Wilamowitz eine Reise nach Griechenland, bei der er auch in Delphi war.

---

98 Oben bei Anm. 46.

99 Wilamowitz, *Erinnerungen* (Anm. 61), 307 Anm. 1 verweist selbst auf die Edition der Inschriften von Magnesia und von Priene, die für die Berliner Museen erfolgten und eben nicht für das Corpus der Akademie.

100 Leider ist diese Mitwirkung sonst nicht fassbar; möglicherweise über Mommsen oder Hiller von Gaertringen.

101 Wilamowitz fügte noch hinzu: „Dass unsere Akademie Sie beauftragte, würde mir insofern besonders genehm sein, weil ich die Mitwirkung von Gelehrten fremder Nationalität als Documentation der internationalen Wissenschaft besonders hochschätze. Allein es ist ja durch unsern Arbeitsplan kundgetan, dass wir zunächst Aegypten bei Seite lassen."

102 Noch der durch den Weltkrieg und den Frieden von Versailles erbitterte Wilamowitz lobte in seinen *Erinnerungen* (Anm. 61) uneingeschränkt die französischen Epigraphiker, „die so vorzügliches leisteten [...] Es war eine reine Freude, mit den ausgezeichneten Bearbeitern F. Dürrbach und P. Roussel zusammenzuarbeiten [sc. bei der Edition der Inschriften von Delos], denn wir nahmen es auch ernst, ebenso Haussoullier, und selbst P. Foucart sandte Berichtigungen, auch zu anderen unserer Bände." (314–315).

„Der Leiter der französischen Ausgrabungen, Th. Homolle mit seinem Stabe, war anwesend, äußerst höflich, und lud uns zu einem üppigen Mahle, bei dem oft eine befremdende Stille herrschte. Denn sein Gefolge benahm sich wie Fähnriche an einer Galatafel im Kasino, aß schweigend, wenn nicht einer von dem hohen Vorgesetzten angerufen ward. Unterdessen unterhielt sich Homolle halblaut mit mir; wegwerfende Urteile fielen über griechische Gelehrte, selbst den von mir wie von allen, die sich um die Sprache kümmern, hochverehrten Hatzidakis. Der Gegensatz dieser militaristischen Subordination zu der fröhlichen Freiheit bei uns ist mir nicht nur hier aufgefallen."

Gleichwohl rühmt Wilamowitz gleich anschließend die Qualität der französischen Inschriftenbeiträge:

„Als ich Manuskripte der Inschriftenausgabe von der französischen Akademie unter die Hände bekam, staunte ich, wie die strengsten Forderungen an Abgeschlossenheit der Ausarbeitung und Lesbarkeit der Schrift erfüllt waren. Da regte sich freilich der Wunsch, daß die deutschen Bearbeiter wenigstens einigermaßen ähnliche Manuskripte einlieferten."[103]

An Diels schrieb Wilamowitz am 26. Oktober hinsichtlich der Inschriftenedition:

„Homolle hat keinen Termin genannt, aber alles getan, um den Eindruck zu erwecken, daß sein Delphi nicht sehr lange auf sich warten lässt. Ich habe keinen Grund zum Unglauben. Er hat mir imponirt."[104]

Den hier doch leise mitschwingenden Zweifel hegte Diels in weit höherem Maße. Er antwortete am 31. Oktober: „Hoffentlich hält Homolle, was er in Aussicht stellt. Ich traue ihm weniger als Cavvadias."[105]

XV

Pomtow sah sich freilich nach seinem Bericht von 1904 bei der Arbeit an den Inschriften bald wieder vor der alten Schwierigkeit, dass er ohne Kenntnis der ca. 3000 neuen Inschriften seine ca. 1100 alten nicht sachgemäß edieren konnte, „da alle Beziehungen zu den später etwa dazwischen einzuordnenden Texten fehlten. Das dabei unausbleibliche Vorkommen von Irrtümern und Trugschlüssen, die unvollständige Ausnutzung der Texte etc. etc. konnte mir später von anderer Seite in polemischer Weise zur Last gelegt werden und meine Re-

103 Wilamowitz, *Erinnerungen* (Anm. 61), 269; vgl. auch das Urteil von Georges Perrot in einem Brief an Maurice Holleaux vom 17. Februar 1904: Mario Roques, „Notice sur la vie et les travaux de M. Maurice Holleaux", CRAI 1943, 44.

104 Braun – Calder – Ehlers, *„Lieber Prinz"* (Anm. 82), 203.

105 Braun – Calder – Ehlers, *„Lieber Prinz"* (Anm. 82), 205. Nach den Herausgebern ist der Archäologe Panagiotis Kabbadias gemeint.

sultate wurden durch das fortwährend neu edierte Material stetig beeinflusst.“ Infolgedessen habe er sich so überarbeitet, dass er erst nach Weihnachten 1903 wieder zur Arbeit an den Inschriften fähig gewesen sei.

Am 5. Januar 1904 übersandte er Wilamowitz das Gesuch um ein weiteres Jahr nunmehr vollständigen Urlaubs vom Schuldienst von Ostern 1904–1905. Dieses wurde am 14. Januar von der Akademie befürwortend weitergeleitet. Die unterzeichneten Secretare verwiesen dabei auf seinen schlechten Gesundheitszustand:

> „Dass er für den Schuldienst im nächsten Jahre wirklich leistungsfähig sein wird, zumal wenn ihm die peinliche Empfindung, sein Delphi nicht fertig gestellt zu haben, auf der Seele liegt, ist sehr unwahrscheinlich. Für ihn und für uns ist die Vollendung darum so dringend, weil wir seine Arbeit der französischen Akademie zuzustellen verpflichtet sind, und aus besonderen Gründen nicht saumselig erscheinen mögen [...] An fortdauernder Controlle und Beaufsichtigung der Arbeit, die allerdings nötig ist, würden wir es nicht fehlen lassen.“[106]

Der Minister hat dem Gesuch am 6. April 1904 stattgegeben.[107]

Die Begründung der Akademie ist natürlich von Wilamowitz formuliert worden.[108] Die Dringlichkeit der Ablieferung des Manuskripts entsprang freilich angesichts der Untätigkeit in Paris nur seinem eigenen Wunsche. Ganz anders hat Wilamowitz sich nämlich am 28. Januar 1904 in seinem Bericht über die Sammlung der griechischen Inschriften vor der Akademie geäußert. Rückblickend auf seine Griechenlandreise sagte er:

> „Der Besuch von Delos, Mykonos und Delphi, deren Inschriften die französische Akademie im Rahmen unseres Werkes übernommen hat, lehrte, dass die Bewältigung der hier durch die École française entdeckten Schätze unmöglich überhastet werden darf, trotzdem aber dank der bewundernswerten Energie des Hrn. Th. Homolle die delphischen Inschriften bereits alle copirt sind. Vor allem aber hat sich die vollkommene Übereinstimmung über Ziele und Wege herausgestellt.“[109]

XVI

In Paris glaubte zur gleichen Zeit Homolle einen neuen Angriff abwehren zu müssen, nachdem er schon zuvor immer wieder unter Druck gestanden hatte. Bereits in der Sitzung der Académie am 4. März 1898 hatte Georges Perrot eine

106 ABBAW, Akten PAW II–VIII, 90, Bl. 2.
107 ABBAW, Akten PAW II–VIII, 90, Bl. 6.
108 Sie ist auch mit seiner charakteristischen Schreibmaschine geschrieben.
109 *SB Ak. Berlin* 1904, 226–228.

Publikation der Grabungen so würdig wie in Olympia angemahnt.[110] Im Jahre 1901 hatte Edmond Pottier eine Inspektionsreise nach Griechenland unternommen und danach der Académie einen sehr kritischen Bericht über die Grabung in Delphi erstattet.[111] Er lobte zwar allgemein die Arbeit von Homolle und seinem Team, rügte dann aber deutlich die Verzögerung bei den Publikationen, insbesondere die der Inschriften. Homolle habe zu sehr auf die Mitarbeit der jungen Schüler der École gesetzt, die sich dabei gut entwickelt hätten, aber eben mit großen Problemen für das gesamte Unternehmen.

In der Sitzung der Commission des Écoles françaises d'Athènes et de Rome am 29. Januar 1904 fragte nun Foucart unvermittelt außerhalb der Tagesordnung, wer denn die Berliner Akademie autorisiert habe anzukündigen, dass die Bände der Inscriptiones Graecae für die Inschriften von Delphi und Delos „auctoritate et consilio Academiae Franco-Gallicae" publiziert würden, während die Comptes rendus der Akademie von dieser Autorisierung nichts berichteten.[112] Die Anfrage von Foucart muss durch die Neuordnung des griechischen Inschriftencorpus, die Wilamowitz im Sommer 1903 durchgesetzt hatte, ausgelöst worden sein.[113] Offensichtlich hat er erst durch diese von dem im Jahre 1899 geschlossenen Abkommen erfahren. In der Tat ergaben die durch die Anfrage ausgelösten Nachforschungen, dass die Académie am 19. Oktober 1899 in geheimer Sitzung von einer diesbezüglichen Vorlage der Commission des travaux littéraires zustimmend Kenntnis genommen hatte.[114] Dies war indes nie in aller Form publiziert worden. Im Hinblick darauf, dass Foucart bereits 1899 seit langer Zeit ein führender Epigraphiker Frankreichs war, mutet es aber doch recht merkwürdig an, dass er damals nicht informiert worden ist.

Eine Erklärung bietet das längere Schreiben, mit dem am 6. Februar 1904 Homolle dem Minister berichtete, in der Académie habe Foucart „sans aucun motif apparent" die Frage der Publikation der Inschriften von Delphi und Delos unter dem Patronat der AIBL aufgeworfen.[115] Dies lasse ihn befürchten, „qu'il me prépare certaines manœuvres qui seraient très préjudiciables à cette entreprise." Homolle legte dann dem Minister nochmals die Vorgeschichte und den

110 Georges Perrot, „Rapport de la Commission des Écoles d'Athènes et de Rome sur les travaux de ces deux Écoles pendant l'année 1896–1897", *CRAI* 1898, 116–141, hier 141: „Il importe à l'honneur de la science française que l'ouvrage qui aura pour titre *Les fouilles de Delphes* vienne faire [...] un digne pendant à celui dans lequel, par les soins de l'Académie de Berlin, l'Allemagne a exposé les résultats de ses fouilles d'Olympie."

111 Edmond Pottier, „Rapport sur une mission en Grèce", *CRAI* 1901, 642–656, bes. 651–654.

112 AIF 14 G 3

113 Vgl. oben bei Anm. 96.

114 Dazu AIF E 101 Sitzungsprotokolle.

115 AN F 17/13598.

Inhalt des Abkommens mit der Berliner Akademie dar, einschließlich der vorgesehenen Mitwirkung von Pomtow. Beide Akademien hätten einmütig dem Abkommen zugestimmt. Dann hätte der Minister mit einem Brief an den Präsidenten der Berliner Akademie das Abkommen ratifiziert, ebenso der Secrétaire perpétuel Wallon, aus dessen Brief Homolle dann zitiert.[116] Daraus gehe hervor, dass die Académie weder die Initiative für dies Projekt ergriffen, noch die Verantwortung übernommen habe. Sie habe sich auf „un patronage d'honneur" beschränkt. Sie habe deshalb auch kein Recht, sich jetzt einzumischen, wie es Foucart tue, und sich die Früchte seiner Arbeit und der seiner Mitarbeiter anzueignen.

Es sei daher nach seiner Meinung auch gefährlich, eine Kommission unter Mitwirkung von Foucart einzusetzen, der seit 14 Jahren ihn in perfider Weise angreife, ebenso sei damit das Abkommen mit Berlin gefährdet. Er schlage daher dem Minister die Bildung einer Kommission für die Publikation der Inschriften von Delphi und Delos vor, der unter seiner, Homolles, Präsidentschaft für Delphi Bourguet und Colin, für Delos Dürrbach und Jardé angehören sollten.

Homolle erklärt in seinem Brief zunächst, er habe kein Motiv für die Anfrage von Foucart erkennen können, erwähnt aber später dessen 14 Jahre andauernde Feindseligkeit gegen seine Person. Das datiert den Beginn der Fehde auf 1890, das Jahr, in dem Homolle ihm als Direktor der École française d'Athènes und dann auch als Leiter der Grabung in Delphi nachgefolgt war, die Foucart angebahnt hatte und die er hätte durchführen wollen.[117] Diese Fehde hat also dazu geführt, dass Homolle ihn im Jahre 1899 überhaupt nicht über das Abkommen mit Berlin informiert hatte. Das macht dessen Anfrage im Jahre 1904 an sich schon verständlich, erklärt aber doch nicht die offensichtliche Nervosität von Homolle und seinen Vorschlag, eine Kommission für die Publikation der Inschriften von Delphi und Delos einzurichten, die nur seine eigenen Mitarbeiter umfasste. In dieser Zusammensetzung war sie offensichtlich vollständig unnötig. Ihr einziger Zweck kann folglich nur gewesen sein, die Bildung einer Kommission zu verhindern, in der auch Foucart Einsitz genommen hätte – was Homolle gegenüber dem Minister ja auch explizit ausschloss. Nach einer Notiz auf dem Brief von Homolle hat der Minister am 7. Mai diesen angefragt, ob er nicht einen Namen hinzufügen wolle, dann aber die Kommission geneh-

---

116 Vgl. das Zitat oben bei Anm. 70.

117 Dazu die deutlichen Bemerkungen von Salomon Reinach in seinem Nachruf: *RA* 1926 II, 67–73; vgl. Ève GRAN-AYMERICH, *Naissance de l'archéologie moderne 1798–1945*, Paris 1998, 302–304; Ève GRAN-AYMERICH, *Dictionnaire biographique d'archéologie 1798–1945*, Paris 2001, 271. 347.

migt. Von einer etwaigen Tätigkeit ist jedoch in den folgenden Jahren nichts zu bemerken. Erst Ende Dezember 1908 ist eine neue Kommission aktiv geworden (unten bei Anm. 162).

Eine Kommission kann indes nicht nur wegen der persönlichen Fehde zwischen Foucart und Homolle innerhalb der Akademie im Gespräch gewesen sein. Zu offensichtlich war in Paris, dass die vollständige Publikation der Inschriften immer länger auf sich warten ließ. Der Druck auf Homolle wuchs und er hatte auch, wie wir noch sehen werden, Konsequenzen. So hatte Foucart wohl auch sachliche Gründe für seine Anfrage. Jedenfalls schrieb er etwas später, am 7. August 1907, an Wilamowitz: „Serez-vous plus heureux que je ne l'ai été dans mes réclamations au sujet des inscriptions de Delphes et de Délos?"

In der folgenden Sitzung der Commission des Écoles françaises d'Athènes et de Rome am 5. Februar 1904 hat Homolle über den Beschluss der Akademie vom 19. Oktober 1899 informiert und dabei auf zwei kurze Notizen in den Mitteilungen der Académie verwiesen;[118] weiter ist diese Problematik nicht zur Sprache gekommen.

Dafür wurde an dieser Sitzung die Nachfolge von Homolle als Direktor der École française d'Athènes geregelt. Vorgeschlagen wurde schließlich nach einiger Diskussion an erster Stelle der von Homolle favorisierte Kandidat Holleaux, obwohl dieser damals noch keine Thèse vorgelegt hatte.[119]

Holleaux ist freilich sogleich in anderer Richtung tätig geworden, als sein Mentor Homolle wahrscheinlich erwartet hatte. Bereits am 9. März 1904 schrieb er an Wilamowitz, der ihm zu seiner Wahl gratuliert hatte, einen langen Brief.[120] Darin führte er aus, dass das von Wilamowitz betonte treffliche Einvernehmen der Schulen in Athen und zur Berliner Akademie auch für ihn ganz vorrangig sei. Dann wandte er sich den geplanten Inschrifteneditionen zu, wobei er deutlich machte, dass er das Folgende mit dem Minister bereits abgesprochen hatte. Hinsichtlich von Delphi bemerkt er:

> „Pour ce qui est de *Delphes*, je dois, d'accord avec notre ministère, vous déclarer, que cette entreprise demeure l'œuvre propre de mon prédécesseur et ami M. Homolle et de ses col-

118 *CRAI* 1899, 747 (Sitzung am 24. November). 773 (Sitzung am 8. Dezember). Hinter den spärlichen Andeutungen konnten nur ohnehin Eingeweihte ein förmliches Abkommen zwischen den Akademien in Berlin und in Paris erkennen.

119 AIF 14 G 3; vgl. die Notizen in den *CRAI* 1904, 46. 48 (Sitzung vom 12. Februar); 53 (Sitzung vom 19. Februar); zu den Hintergründen – aufgrund der Briefe im Nachlass von Holleaux, die ihm Louis Robert zur Verfügung gestellt hatte – Roques, „Maurice Holleaux" (Anm. 103), 41–46. Daraus wird ersichtlich, dass Homolle die Wahl gegen den Widerstand vor allem von Foucart durchgesetzt hat.

120 GÖ NL Wilamowitz, Cod. Ms. 530; der Brief ist irrtümlich in das Briefdossier Haussoullier geraten.

laborateurs. Elle est depuis deux ans déjà terminée (dans la mesure où elle pouvait l'être),[121] et c'est sur *l'ancienne* Ecole que pèse – exclusivement en principe – la tâche très honorable de la publication des résultats."

Holleaux betonte dann, dass die Übernahme dieser Aufgabe durch ihn und seine Schüler nicht in Betracht komme; er tat dies aber so ausführlich, dass deutlich wird, dass Derartiges durchaus im Gespräch gewesen sein muss. Er schloss diesen Teil seiner Darlegungen dann auch in einer Weise, die die weiterhin zu erwartenden Probleme erkennen ließ:

„Je n'entends ni les frauder de l'honneur qui leur revient, ni porter la responsabilité qui est la leur. – Mais il est évident, que je ferai – officieusement – tout ce qui dépendra de moi pour faciliter leur travail. Déjà je m'occupe de presser la publication des inscriptions, en faisant revenir en Grèce les collaborateurs excellents, MM. Bourguet, Colin etc. que s'est associés M. Homolle pour l'édition des *Inscr. Delphorum*. – J'ai lieu de croire, d'ailleurs, que le travail est assez avancé. Néanmoins, un certain délai est, je crois, encore nécessaire."

Zu Delos übergehend fuhr Holleaux fort: „Le cas de *Delos* est différent. On peut dire sans exagération, que les fouilles *méthodiques* de Delos n'ont commencé que depuis 18 mois," womit er sich deutlich von der Grabung seines Vorgängers Homolle auf der Insel absetzte. Er besprach dann ausführlich die Probleme der Inschriftenpublikation, die er mit Felix Dürrbach erörtert habe, „qui, dans l'affaire de Delos, est *l'alter ego* d'Homolle" – womit die Kontinuität gewahrt war. In etwa drei Jahren hoffe er, sei das *Corpus* abgeschlossen.

Hinsichtlich der Inschriften von Delos hatte Holleaux damit in der Tat eine glückliche Lösung angebahnt, auch wenn es noch bis Ende 1905 gedauert hat, bis Homolle sich formell von diesem Vorhaben zurückzog und dieses Dürrbach und anderen überließ.[122] Für Delphi konnte er freilich nichts tun.[123]

XVII

Pomtow hat sich zu Beginn des Jahres 1904 tatsächlich daran gemacht, sein Manuskript der delphischen Inschriften abzuschließen (Abb. 9a). Am 16. April übersandte er die ersten 50 Inschriften, Amphiktyonen-Dekrete und Proxenie-Dekrete, an Wilamowitz mit der Bitte um Beurteilung. Wie es im Rahmen des

121 Das bezieht sich auf das Ende der Grabungen.

122 ROQUES, „Notice" (Anm. 103), 56–58. Bemerkenswert ist in diesem Zusammenhang, dass Homolle nach langen Jahren des Schweigens über Delos veröffentlichte: „Inscriptions de Délos", *BCH* 27, 1903, 62–103.

123 In einem Brief vom 22. Januar 1904 an Hiller dankt Holleaux für Grüße von Pomtow. Er habe längere Zeit nichts von ihm gehört und sich Sorgen um seine Gesundheit gemacht.

CIG üblich gewesen war und Kirchhoff es auch ausdrücklich verlangt hatte, legte er die Texte in Majuskelumschrift vor. Von der Absprache der Berliner Akademie mit Homolle im Herbst 1900, dass die Inschriften von Delphi und Delos nur als Minuskeltexte veröffentlicht werden könnten,[124] hatte er keine Kenntnis.

Bei der anschließenden Besprechung Mitte Mai eröffnete ihm aber Wilamowitz zu seiner Bestürzung, dass Homolle möglicherweise keine Majuskeltexte bringen wolle, und fügte auf seine Frage, was denn mit den Texten werden solle, hinzu, die könnten in das unter Hillers Leitung neu zu begründende Archiv der Akademie eingebracht werden. Er wolle aber nochmals bei Homolle wegen seiner Absichten anfragen.

Homolle antwortete Wilamowitz auf seine Anfrage mit einem Brief vom 27. Mai 1904 aus Paris. Er stehe nach wie vor zu seiner Absicht, die der von Wilamowitz entspreche, die Freilassungsurkunden von der Polygonalmauer nur in Minuskeln zu bringen. Pomtow, von dessen erneut schlechter Gesundheit er mit Bedauern erfahre, könne sich also die Mühe der Majuskelkopien ersparen. Dafür werde es eine reichliche Auswahl von Mustern in Heliogravüren und Phototypien geben. Er bitte auch, Pomtow mitzuteilen, dass er vor seiner Abreise aus Athen veranlasst habe, ihm sämtliche erbetenen Abklatsche zuzusenden, und bitte um Nachricht bei einer etwaigen Verzögerung. Ausserdem möge Wilamowitz seine besten Genesungswünsche übermitteln.

Daraufhin teilte Wilamowitz am 4. Juni Pomtow mit, dass Homolle ihm bestätigt habe, die Ausgabe der delphischen Inschriften werde in Minuskeln erfolgen, die Majuskelkopien hätten folglich in Paris keinen Wert. Er fuhr fort:

> „Ich teile seine Ansicht durchaus, und es freut mich, dass so Ihre eigne Arbeit sehr vereinfacht wird. Natürlich fallen für die Akademie damit alle diese mühseligen Dinge hin, und ich bitte Sie den Copisten von all dem zu entlasten [...] In wie weit Ihre nunmehr vergebliche Arbeit (soweit sie nicht für Ihre eigne Reconstruction erforderlich war) bei der Bemessung des Honorares billigerweise berücksichtigt werden kann, wird sich später finden. Ich kann Ihnen nur wiederholt ans Herz legen, diese Arbeit rasch und kurz abzutun."

Pomtow reagierte darauf mit einer neuen Erkrankung und brach zunächst die Weiterarbeit an den Inschriften ab.

Währenddessen erstellte Hiller am 22. Juni einen Überblick über die finanziellen Ansprüche von Pomtow. Er kam für Honorar und verauslagte Aufwendungen auf insgesamt 6.250 Mark, wovon 800 abzuziehen seien, da er in diesem Jahr mit vollem Gehalt beurlaubt sei; im Endergebnis also auf 5.450 Mark.

Pomtow seinerseits erarbeitete für die Epigraphische Kommission der Akademie einen ausführlichen Bericht über die *Bearbeitung* der *delphischen Bände*

124 S. oben Abschnitt XII.

des C.I.G.S. und eine Berechnung von Auslagen und Honorar. Beides sandte er am 21. Juli 1904 Wilamowitz als dem Vorsitzenden zu, gerichtet aber war es an die gesamte Kommission.

Den Bericht haben wir bei unserer Darstellung laufend berücksichtigt. Er hat sich – soweit durch andere Dokumente überprüfbar – durchweg als zuverlässig erwiesen, andererseits hatte Pomtow naturgemäß keinen vollen Einblick in die anderweitigen Vorgänge. Er schloss seinen Bericht mit einer Begründung für den Abbruch seiner Arbeit, indem er nochmals zunächst eindringlich für den Wert der Majuskelumschrift eintrat, jedenfalls unter bestimmten Voraussetzungen, vor allem auch für Ergänzungen, wobei er inhaltlich durchaus auf derselben Linie argumentierte, die Haussoullier in seiner Rezension der Kernschen Edition vertreten hatte.[125] Zum Zweiten verwies er darauf, dass er die Majuskelscheden auf ausdrückliche Anweisung von Kirchhoff angefertigt habe; zum Dritten auf die offenbar drohende Gefahr, dass selbst an der bescheidenen Honorierung für seine 17jährige Arbeit Abstriche gemacht werden sollten. Insbesondere widersprach er der Annahme, dass er jemals Majuskeltexte für seine eigenen Rekonstruktionen hergestellt habe: sie seien alle direkt oder indirekt für das Corpus und zur Entlastung des Kommentars gemacht worden. Zum Beweis legte Pomtow ein Verzeichnis seiner sämtlichen Schriften seit 1887 bei. Hinsichtlich seiner rechtlichen Stellung zur Akademie bemerkte er abschließend, dass diese nur Anspruch auf seine Arbeitsergebnisse auf der von ihr bezahlten Delphireise 1887 habe, alle anderen vorher und nachher seien sein Eigentum, da er „für ihre Anfertigung niemals ein Aequivalent erhalten habe." (Er hatte in der Tat (wohlweislich?) mehrfach Angebote auf eine Honorierung abgelehnt.) Nach ausführlichen Erörterungen kam er schließlich auf eine Gesamthöhe seiner Forderungen von 11.019 Mark, die er dann aber in mehreren Schritten auf eine Pauschalsumme von 5.500 Mark zu reduzieren bereit war.

In einem Nachwort beklagte Pomtow den Schaden, der ihm durch das Verbot Kirchhoffs, anderwärts eine größere Zahl der von ihm gefundenen *Inedita* zu publizieren, entstanden sei. So habe sich etwa Johannes Baunack bei seiner Edition delphischer Inschriften in reichem Maße seiner Vorarbeiten bedient, häufig ohne dies deutlich zu erwähnen.[126] Aber auch Homolle, Colin u.a. hätten in den *BCH* häufig seine dem Museum einverleibten Funde als *Inedita* veröffentlicht.

125 Vgl. Anm. 86.

126 Johannes BAUNACK, „Die delphischen Inschriften", in: Hermann Collitz (Hrsg.), *Sammlung der Griechischen Dialectinschriften* (SGDI) II, Göttingen 1899, 177–963. Baunack bezieht sich im Vorwort auf die Arbeiten Pomtows als wegweisend und versichert, nur edierte Inschriften zu geben.

Zu den Absichten von Homolle äußerte sich Pomtow in dem Begleitschreiben zu seinem Bericht. Aus dem Publikationsprospekt, wie er dem ersten Faszikel der *Fouilles de Delphes* im Jahre 1902 beigelegt worden sei, gehe hervor, dass in klarem Widerspruch zum Abkommen von 1899 in einem eigenen Band III die Reproduktion von Majuskeltexten vorgesehen sei, während in der Pariser Edition im Rahmen des Corpus nur die Minuskeltexte und Kommentare gebracht werden sollten. Er beendete seine Eingabe an die Epigraphische Kommission mit folgenden Ausführungen:

> „Zu diesen officiellen, sachlichen Bedenken treten noch persönliche. Ich habe in dem ‚Bericht' den Verlauf der Angelegenheit eingehend dargestellt, damit sich auch der weniger Orientirte ein Urtheil über die Entstehung dieser unerquicklichen Verhältnisse zu bilden vermag, und weise ergebenst darauf hin, wie ich im Verlaufe dieser 17 Jahre aus der Stellung des alleinigen Herausgebers Schritt für Schritt zurückgedrängt worden bin bis zu einem Ablieferer von lediglich Minuskeltexten; wie die im Auftrag der Akademie unternommene Arbeit meiner besten Mannesjahre, nämlich die Zeichnung von c. 1100 umfangreichen *Maiuskel*-texten, niemals an das Tageslicht gelangen soll, und wie zuletzt selbst die Erstattung meiner Auslagen und das bescheidene Honorar für die Arbeit am ‚Corpus' in Frage gestellt wird.
>
> Nach alledem wird man es gerechtfertigt finden, wenn ich diesen letzten Zumutungen gegenüber ernsthaft den *Rücktritt* von der Redaction der delph. Inschriften erwäge, und wenn ich die ‚Epigraphische Kommission' ergebenst bitte, der Akademie mittheilen zu wollen, wie die von ihr mit der französischen Akademie ausgetauschten *Ratificationen* umgangen, bez. *nicht innegehalten* werden: denn mit der blossen Sammlung von *Minuskel*-texten, von denen der werthlosere Theil, c. 500–700 Manumissionen nun zum *dritten* Mal gedruckt würde (erst Wescher-Foucart, dann Baunack), bei denen man die zugehörigen *Maiuskel*texte in einem anderen Werke aufsuchen müsse, und bei denen sogar vielleicht die lateinische Sprache durch die französische ersetzt werden solle, – könne der Akademie gewiss nicht gedient sein. Es gewänne vielmehr den Anschein, als sei der eigentliche Zweck des durch Homolle überbrachten Anerbietens gewesen: für *Delphi* einen unbequemen Konkurenten zu verdrängen, *dessen Maiuskeltexte* vom Abdruck *auszuschliessen* und das von unserer Akademie hierfür bereits Geleistete lahm zu legen, – und auch für *Delos* sich völlig freie Hand zu schaffen."

XVIII

Auf der Eingabe von Pomtow hat Wilamowitz handschriftlich notiert, dass er am 24. Juli 1904 mitgeteilt habe, ein Bescheid werde erst im Oktober erfolgen. Er übersandte aber zunächst die Unterlagen an Kirchhoff und bat diesen um Informationen über den Fall. Mit einer Postkarte vom 10. August erklärte sich Kirchhoff zu einer Unterredung darüber bereit, über die Wilamowitz am 15. August einen Bericht für die Epigraphische Kommission erstellt hat. Im Wesentlichen ging es dabei um die Berechtigung der finanziellen Forderungen Pomtows, wozu Kirchhoff nicht viel Erhellendes zu sagen wusste. Dasselbe gilt für seine Bemerkungen zur Vorgeschichte. Immerhin aber machte er die Aussage, er habe zuletzt „eingegriffen, als die Ankündigung kam, die Fouilles de Delphes sollten auch Epigraphika enthalten; er ist zu Diels gegangen, damit dieser an Homolle schriebe; dieser sollte nicht geantwortet haben – aber sicheres wisse er, K. nicht."

Im September wandte sich Hiller mehrfach brieflich in Sachen Pomtow an Wilamowitz. Schon der erste kurze Brief vom 12. September zeigt, dass Hiller sich ernstlich Sorgen machte. Er erwähnt einen „höchst eigentümlichen Brief" Pomtows, den er als einen privaten vernichtet habe, der es aber nötig mache, „Vorsicht zu üben und auch zu markieren." Die Arbeit habe seit Monaten keine Fortschritte gemacht. „Wir müssen dem Herrn gegenüber sehr aufpassen – dürfen uns freilich auch nichts vergeben."

Am 14. September äußerte er sich nochmals sehr ausführlich zu dem Fall und riet zu einer klaren und fairen Abmachung hinsichtlich der finanziellen Forderungen wie der von Pomtow noch zu erbringenden Leistung. Zum sachlichen Inhalt von Pomtows Eingabe nahm Hiller nur insofern Stellung, als er einleitend bemerkte, dessen Missgeschick bestehe darin, dass sich in der langen Zeit seiner Arbeit die Wissenschaft gewandelt habe. „Man kann also die Akademie von damals nicht tadeln, wenn sie anderes verlangte als jetzt erwünscht ist." Das zielt wohl auf die Majuskel-/Minuskel-Problematik. Hiller stellt dann fest, dass Pomtow besser 1890 das, was er hatte, veröffentlicht hätte. Dann aber bemerkt er, bei allen Unannehmlichkeiten

> „darf er in seinem Pessimismus auch nicht vergessen, daß ihm seine Arbeiten über Delphi auch sehr viel Ehre gebracht, seine ganze wissenschaftliche Position begründet haben. Diese Arbeiten sind in der Form oft unglücklich [...] – aber ihre Sorgfalt und Methode sind allgemein anerkannt und haben P. zu einer Autorität auf einem schwierigen, von den meisten gemiedenen Gebiet gemacht – weit mehr als es ein im Jahre 1890 herausgegebenes Corpus bewirkt hätte. Diese moralische Förderung dankt P. zur Hälfte seinen eigenen früheren Taten (?), zur Hälfte aber doch der Akademie [wobei auf die Größe der ‚Hälften' kein Wert gelegt wird]."

Hiller machte im Folgenden auch klar, dass Pomtow in den letzten Monaten nicht an den Inschriften gearbeitet hatte.

Wilamowitz hat am 19. Oktober 1904 die Kommission für griechische Inschriften zu einer Sitzung am 27. Oktober eingeladen, bei der die Eingabe von Pomtow behandelt werden sollte. Das Protokoll der Sitzung enthält nur den Wortlaut eines Briefes, den Wilamowitz am 28. Oktober an Pomtow gesandt hat. Schon dessen erster Satz zeigt, worum es der Kommission ausschließlich ging:

> „In Ihrer Eingabe vom 27. Juli d.J. stellen Sie bestimmte Geldforderungen, an deren Erfüllung Sie die Fortsetzung der von Ihnen übernommenen Arbeit zu knüpfen versuchen."

Es zeigt sich, dass Pomtow mit der Verknüpfung seiner finanziellen Ansprüche mit seinem Protest gegen den Wegfall der Majuskeltexte und gegen das Verhalten von Homolle und erst recht mit der Drohung, die Arbeit einzustellen, sich einen sehr schlechten Dienst erwiesen hat. Er ermöglichte damit der Kommission, auf den sachlichen Teil seiner Darlegungen überhaupt nicht einzugehen und etwa darüber nachzudenken, ob Homolle seinen vertraglichen Verpflichtungen nachgekommen sei bzw. ob überhaupt eine Aussicht bestünde, dass er es in Zukunft tun werde – ganz zu schweigen von vertieften Erwägungen zur Majuskelfrage. Es ging nur noch um die Höhe der Honorar- und Kostenersatzforderungen, wozu Pomtow mitgeteilt wurde, dass man darüber erst nach Übergabe der Kopie des Manuskripts an die Akademie verhandeln werde. Einzig eine Zahlung des Honorars sofort nach Ablieferung des vollständigen Manuskripts an die französische Akademie und nicht erst nach dem Druck wurde zugesagt. (Auch die Kommission konnte vernünftigerweise nicht damit rechnen, dass der Druck in absehbarer Zeit erfolgen werde.)

Gänzlich verfehlt war die Streikandrohung. Sie gab der Kommission Gelegenheit, darauf hinzuweisen, dass er sich derzeit für die Fertigstellung des Manuskripts in bezahltem Urlaub befinde und dass er frühere selbst gesetzte Termine nicht eingehalten habe. Jetzt wurde er ersucht,

> „sich binnen 14 Tagen zu erklären, ob Sie die Ablieferung des Ganzen innerhalb Ihres Urlaubs verbürgen können, und wann Sie mit der ratenweisen Ablieferung der Abschriften beginnen werden. Sollte diese Erklärung unbefriedigend ausfallen, so würden wir uns genötigt sehen, den vorgesetzten Herrn Minister davon in Kenntnis zu setzen, der Sie von Ihren Pflichten für die Schule nur entbunden hat, damit Sie endlich der Akademie die lange versprochene Arbeit abliefern könnten."

Pomtow reagierte auf diesen Brief zunächst mit einem Résumé, das er Hiller zugehen ließ. Es lautete:

> „1) Ich trete von der Redaction zurück
>
> 2) Ich übergebe der Akademie meine Scheden bis spätestens Ostern 1905 gegen Zahlung des Honorars und eines Teiles der Auslagen
>
> 3) Was von den Scheden kopiert werden soll, bekommt die Akademie und verantwortet die Weglassung der Majuskeltexte etc
>
> 4) Mein Name verschwindet vom Titelblatt der IG VIII, aber in der Vorrede wird Grund meines Rücktritts und Überlassung der Scheden mitgeteilt
>
> 5) Ich vollende bis spätestens Ostern 1905 die Scheden durch Eintragung der neueren Literatur in die Lemmata etc
>
> 6) Nach geschehener Kopie erhalte ich die Scheden leihweise gegen Quittung zurück und darf sie 5–6 Jahre benützen wie bisher
>
> 7) Bei der späteren Rückgabe übergebe ich zugleich mein übriges Besitztum an Abklatschen, Platten, Zinkotypien etc als Geschenk, damit der delphische Apparat in Berlin vereinigt ist

> 8) Bei der beabsichtigten Beantragung einer Urlaubsverlängerung zur Vollendung der ‚Anathemata Delphica' und zur Reise nach Delphi erbitte ich ein kurzes Begleitschreiben seitens des Klassensekretars oder des Kommissionsvorsitzenden – *ohne* hierfür die Akademie zu bemühen"

Hiller schrieb ihm am 6. November, er habe das Resümee wunschgemäß Wilamowitz vorgelegt, der sein Anliegen mit besonderem Entgegenkommen bei der Kommission vertreten werde. Er hoffe seinerseits,

> „daß auf diesem Wege eine wissenschaftlich befriedigende und für Sie ehrenvolle Lösung der ganzen Angelegenheit herauskommt, und daß Sie sich [...] den französ. Forschern gegenüber die geeignetste Basis für ein gedeihliches Weiterarbeiten an Ihren besonderen Aufgaben schaffen werden."

Er fügte hinzu:

> „Ich darf wol noch bemerken, daß Herr v. W. es als die Hauptsache betrachtet, daß die Franzosen volle Kenntnis des Ihnen zu Gebote stehenden *Materials* bekommen. Die Bearbeitung können und müssen sie (d.h. Homolle) ja doch bis zum Moment der Ausgabe *weiterführen*; die Forschung bleibt ja doch nicht stehen – dafür werden ja auch Sie selbst sorgen. Natürlich wird auch Herr Homolle für wichtige entlegene Citate, die Sie leicht geben können, dankbar sein – aber Sie brauchen sich damit nicht *all*zu viel Mühe zu machen."

Ungeachtet dieser grundsätzlichen Einigung richtete Pomtow am 8. November nochmals ein langes Schreiben an die Epigraphische Kommission, in dem er die gegen ihn von der Kommission erhobenen Vorwürfe in aller Form zurückwies. Mit Recht stellte er fest, dass sein Hauptanliegen, die Streichung der Majuskeltexte, mit Stillschweigen übergangen worden sei. Ohne sie bliebe aber von dem ganzen Bande nur ein jämmerlicher Torso übrig. Er schloss:

> „Wäre mir diese Bedingung *vor* Nachsuchen des Urlaubs gestellt worden, so wäre ich ebensowenig auf sie eingegangen, wie ich es jetzt zu thun vermag; denn sie ist wider die Abrede, die mit mir betreffs der Redaktion der delphischen Inschriften getroffen ist. Ich *lege daher die Redaktion des Delphischen Inschriftenbandes hiermit nieder.*"

Aber dann kündigte er doch noch einen Ausgleichs-Vorschlag an, „der es der Akademie ermöglicht, den Abmachungen mit der französischen Akademie trotzdem nachzukommen."

Wilamowitz hat dieses Schreiben den Mitgliedern der Kommission im Umlaufverfahren zur Kenntnis gebracht und dabei auch den Brief von Hiller an Pomtow und dessen Vorschläge in Abschrift beigelegt. Mit einer von den übrigen Mitgliedern – Diels, Wilamowitz und dem Indogermanisten Wilhelm Schulze – gebilligten Randnotiz vom 10. November schlug Otto Hirschfeld vor, Pomtow mitzuteilen, dass er eine definitive Antwort erst erhalten werde, „wenn man sich der Zustimmung des Hrn. Homolle zu den von ihm gestellten Bedingungen, insoweit diese die mit der Franz. Akademie getroffenen Verabredungen betreffen, versichert haben würde.“ Wilamowitz gab dies denn auch am 11. November an Pomtow weiter.

An Homolle schrieb Wilamowitz nach seinem Entwurf:

> „Meine Bemühungen für Ihr delphisches Corpus das Manuscript des Herrn Pomtow zu erlangen, sind auf Schwierigkeiten gestossen. Ich habe Aussicht dieselben zu überwinden und Ihnen alles Notwendige im nächsten Jahre zur Verfügung zu stellen, aber Herr Pomtow stellt einige Bedingungen, die wir ohne Ihre Zustimmung nicht genehmigen können.“

Nach der Aufzählung des Rückzugs vom Titelblatt und der gewünschten Bemerkung im Vorwort, der Rückzug erfolge wegen des fehlenden Majuskeldrucks, fügte Wilamowitz hinzu, dass Pomtow eine Abschrift seiner Materialien behalten werde für die Weiterführung seiner eigenen Untersuchungen. Er hoffe auf die Zustimmung von Homolle. Die Akademien brauche man deswegen nicht heranzuziehen, es genüge ihnen seiner Zeit die vollzogene Tatsache mitzuteilen.

Der so angefragte Homolle reagierte am 22. November einigermaßen überrascht:

> „La retraite, très inattendue, de M. Pomtow est une solution qui simplifierait en effet bien des choses; toutefois je ne savrais l'accepter, sans regret, tant il me semblait juste qu'après tant d'années de travail obstiné, efficace, son nom demeurât attaché à la publication des inscriptions.
>
> J'ai peine à croire d'ailleurs que la suppression des „majuscules“ soit la seule et déterminante raison de la décision, et j'aimerais à être assuré que nous ne ne lui avons donné à notre insu aucun sujet de plainte [...]
>
> Je vous serai donc obligé de vouloir bien l'assurer de ma particulière estime et de mes sentiments cordiaux en lui demandant s'il maintient sa décision.“

Für diesen Fall sicherte Homolle die Erwähnung im Vorwort zu, sowohl seiner Mitarbeit wie des Grundes für seinen Rückzug: die Publikation allein in Minuskeln. Er bestätigte auch, dass Pomtow für seine weiteren Studien eine Kopie der abgelieferten Materialien behalten werde.

Die Antwort von Homolle und einen von Wilamowitz entworfenen Brief an Pomtow leitete Diels am 1. Dezember den Kommissionsmitgliedern zur Stellungnahme zu. Hirschfeld erklärte sich einverstanden, wollte aber, dass die für Pomtow bestimmten Sätze aus dem Brief von Homolle in dem Schreiben eingefügt werden sollten.

Das hat Wilamowitz in seinem Brief vom 3. Dezember denn auch getan.[127] Er sicherte ferner zu, dass Pomtow die Scheden nach dem Kopieren leihweise für fünf Jahre zur Benutzung erhalten werde. Als Honorar stellte er eine Pau-

127 Allerdings erst ab dem Passus „Je vous serai donc obligé [...]“.

schalsumme von 3.000 Mark in Aussicht. In eine Detailberechnung einzutreten, lehne die Kommission ab.[128]

Am 10. Januar 1905 beantwortete Pomtow diesen Brief. Er berichtete von dem Fortschritt seiner Arbeit. Der erste Band, sämtliche Inschriften außer den Manumissionen, werde bis Februar der Akademie übergeben werden können, diese im zweiten Band bis etwa Ostern. Der Betrag von 3.000 Mark als Honorar sei für ihn akzeptabel. Die Einrechnung sämtlicher Auslagen (die er mit 1.000 Mark bezifferte, einschließlich der Zinsen 1.700 Mark, ungeachtet der Aufwendungen für die nun wegfallenden Indices) in diese Summe erscheine ihm für eine 17-jährige Arbeit aber entschieden unangemessen. Dennoch erklärte Pomtow sich schließlich bereit, auf das Angebot einzugehen, um der Sache ein Ende zu machen. Er erbat aber gleichzeitig die Übersendung des Empfehlungsschreibens des Kommissionsvorsitzenden für die Verlängerung des Urlaubs um ein weiteres Jahr zur Fertigstellung der ‚Anathemata Delphica'.

Dieses wurde ihm von Wilamowitz am 12. Januar zugesagt. „Sie werden daraus meine persönliche Stellung zu der ganzen Sache ersehen, die nun, wie ich hoffe, zu einem befriedigenden Abschluss kommt." Der Text des Empfehlungsschreibens lautete:

> „Herr Oberlehrer Dr. Pomtow hat den Urlaub, für dessen Erteilung die Akademie dem vorgesetzten Herrn Minister zu lebhaftestem Dank verpflichtet ist, zur Vollendung der Delphischen Inschriften verwandt, insoweit das als Vorarbeit zu der definitiven französischen Ausgabe notwendig war. In Wahrheit hat er sehr viel mehr geleistet und leider kann das in der definitiven Ausgabe nicht voll zum Ausdruck kommen. Die Ablieferung seines Manuskripts hat er für Ostern in Aussicht gestellt. Es ist gelungen, ihm die Freiheit weiterer eigener Studien zu sichern; er hat ein bestimmtes Werk schon lange im Auge und wünscht dazu Delphi zu besuchen, also die Verlängerung seines Urlaubes.
>
> Der Unterzeichnete erklärt gern, dass er dies nicht nur aus sachlichen Gründen lebhaft wünscht, sondern wesentlich auch deshalb, weil die freie und selbständige Arbeit eigentlich die einzige Entschädigung für die Selbstverleugnung bilden kann, die Herrn Dr. Pomtow durch die Verhältnisse auferlegt worden ist."

XIX

Am 27. Februar 1905 konnte Pomtow der Epigraphischen Kommission mitteilen, dass er das Manuskript des ersten Bandes und eine Mappe mit 31 Tafeln (Abb. 11) von Karten, Plänen und Facsimili dem Büro der Akademie übergeben habe.

128 Für die Honorarforderungen Pomtows hatte Wilamowitz kein Verständnis, wie ein Brief vom 27. Juni 1904 zeigt: „Andere Gesellen wie Pomtow erweisen sich als Beutelschneider": William M. Calder III – Robert L. Fowler (Hrsg.), *The Personal Letters of Wilamowitz to Eduard Schwartz*, München 1986

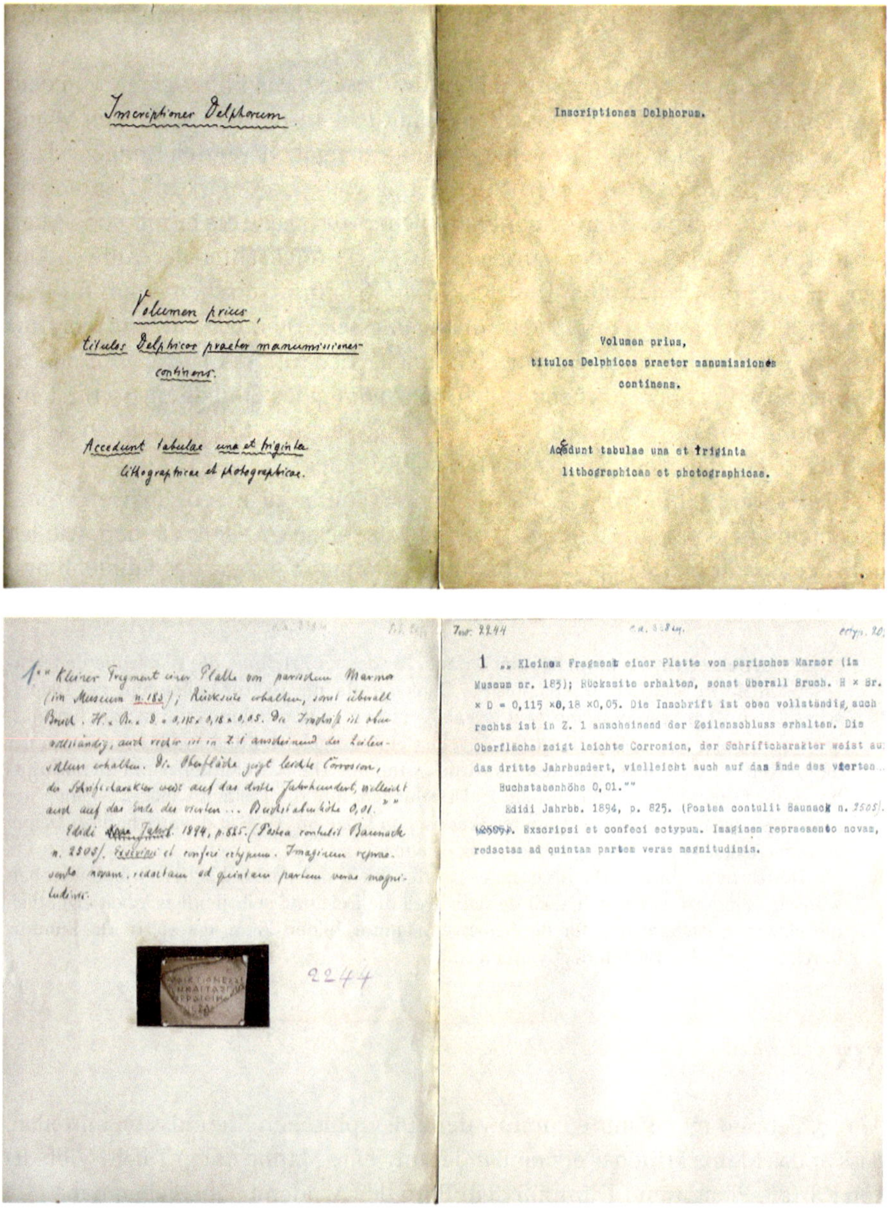

Abb. 9a und b Titelblatt des Bandes IG VIII und Inschrift IG VIII 1 (SGDI 2505) im Manuskript von Pomtow und im Typoskript. Archiv IG.

„Der Band ist vollständig mit Kommentar versehen und so weit druckfertig, wie ich ihn für unsere eigene Ausgabe hergestellt haben würde." Hiller quittierte den Empfang am 28. Februar und gab das Manuskript am 4. März an den Studenten Wilhelm Haack[129] zum Kopieren weiter.

Das Gesuch Pomtows an das Ministerium veranlasste Althoff am 4. März zu einer Anfrage an die Akademie, ob sie die Verlängerung befürworte „und ihm zur Ausführung der geplanten Studienreise nach Delphi die erbetene Reisebeihilfe aus dortigen Fonds gewährt werden kann." Wilamowitz vertrat in der Sitzung der philosophisch-historischen Klasse am 9. März die Ansicht, die Akademie habe amtlich keine Verpflichtung mehr gegenüber Pomtow, und habe deshalb für seine privaten Untersuchungen, „wenn sie auch wissenschaftlich nicht ohne Nutzen sein würden", keine Mittel aufzuwenden. In diesem Sinne entschied auch die gesamte Akademie am 16. März und wurde am 18. März dem Ministerium von Diels geantwortet.[130]

Pomtow konnte am 26. April der Kommission mitteilen, dass er, trotz einer weiteren Krankheit, den allergrößten Teil von Band II nunmehr übergeben könne. Dabei seien alle Texte bis Nr. 840 „noch einmal *vollständig kollationiert* und mit den späteren Ausgaben Baunacks und Couve-Bourguets verglichen worden; darauf sind diese Lesungen nach meinen Abklatschen noch einmal geprüft und der textkritische Apparat in einer vollständigen ‚*Varia lectio*' beigefügt. Auch ist unter jeder Nummer die chronologische Fixierung kurz angegeben." Dies alles habe er freilich krankheitsbedingt nicht für den Rest der Inschriften durchführen können, sei aber bereit, dies bei Interesse der Akademie nachzuholen. Nach seiner Randnotiz hat Wilamowitz auf dies Angebot verzichtet.

Am 8. Mai meldete Pomtow den Abschluss seiner Arbeit und die Übergabe seines Manuskripts. Wilamowitz ließ ihm noch am gleichen Tag das vereinbarte Honorar überweisen.

Als Ende Oktober das von den Studenten Haack und Walther Kranz[131] abgeschriebenen Manuskript (Abb. 9b) endlich beendet war, legte Wilamowitz am 22. Oktober der Epigraphischen Kommission einen Briefentwurf vor. Zusammen mit ihm sollte seiner Meinung nach nunmehr die Kopie offiziell von der Berliner Akademie an die in Paris übersandt werden, um damit auch die Vereinbarungen zu ratifizieren, die zwischen ihm und Homolle getroffen worden

129 Wilhelm Haack (1883–), bestand 1908 in Berlin die Prüfung für das Lehramt an höheren Schule für alte Sprachen und Geschichte; ab 1910 Oberlehrer in Rostock: Franz Kössler, *Personenlexikon von Lehrern des 19. Jahrhunderts*, GEB – Giessener Elektronische Bibliothek.

130 ABBAW, Akten PAW II–VIII, 90, Bl. 21. 23.

131 Zu seiner Beauftragung s. den Brief von Wilamowitz vom 3. Juli 1905: Ernst Vogt (Hrsg.), *„Wenn die Jugend nur etwas taugt...' Ulrich von Wilamowitz-Moellendorff an Walther Kranz", München 2016, 18. Kranz (1884–1960) studierte 1903–1907 bei Wilamowitz. Er war von 1928–1933 Rektor von Schulpforta, später Professor an den Universitäten Istanbul und Bonn.*

waren.[132] Diesen Brief mit dem Manuskript (Abb. 10) hat dann auch der vorsitzende Sekretar Vahlen am 26. Oktober an den secrétaire perpétuel, Georges Perrot, abgeschickt.[133] In ihm wird zunächst daran erinnert, dass nach dem Abkommen zwischen den Akademien Pomtow die Inschriften bis 1892 herausgeben sollte. Dieser aber habe sich zurückgezogen, weil die Ausgabe nach dem Beschluss der Akademien nur in Minuskeln erfolgen solle. Es folgen dann die Absprachen, die nach den Forderungen von Pomtow zwischen Wilamowitz und Homolle zustande gekommen waren, einschließlich des Rechtes von Pomtow zu weiteren persönlichen Studien. Der Brief endet:

> „Wir [...] beehren uns, hiermit, diese Copie zu überreichen, in der Erwartung, dass Ihre Akademie sich mit diesen Maßnahmen einverstanden erklären wird. Damit ist unsererseits alles geschehen, was wir zur Herausgabe der delphischen Inschriften zu leisten übernommen hatten."

Perrot war von diesem Brief offensichtlich überrascht. Er antwortete am 20. November, er habe den Brief der Académie bekannt gegeben und würdigte dann in warmen Worten die Verdienste von Pomtow um die delphische Epigraphik:

> „L'Académie et le futur éditeur du tome VIII du nouveau *Corpus*, M. Homolle, ne peuvent que regretter la décision prise par M. Pomtow: Après la part si utile qu'il avait prise à la transcription et à l'explication de l'épigraphie delphique, tous ceux qui s'intéressent à ces études auraient été heureux de le voir persister dans la tâche qu'il avait acceptée tout d'abord de publier les textes découverts avant 1892."

Abb. 10 Kopie des Manuskriptes von IG VIII, die 1905 an die AIBL geschickt worden ist. Es befindet sich jetzt im Archiv der École Française d'Athènes, fonds commission Delphes-Délos. Photo: Anne Jacquemin.

132 Das Original bekam damals Pomtow gegen Quittung auf 5 Jahre zurück. Diese Leihgabe wurde aber immer wieder verlängert, so am 14. Februar 1916 und zuletzt am 21. Februar 1920 (s. Abb. 15).

133 AIF E 426; beigefügt die Empfangsbestätigung des Ministère de l'Instruction Publique vom 20. November 1905.

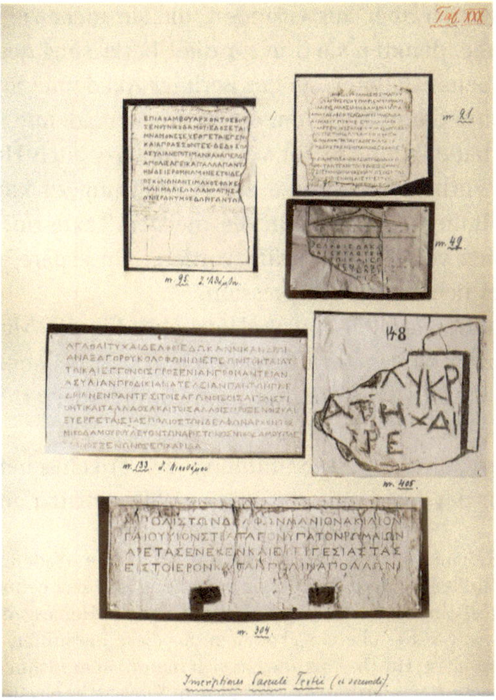

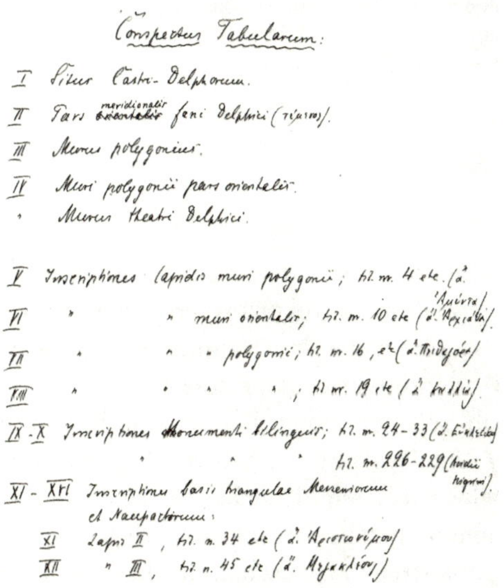
Conspectus Tabularum:

I Situs Castri-Delphorum.
II Pars meridionalis fani Delphici (τέμενος).
III Murus polygonius.
IV Muri polygonii pars orientalis.
· Murus theatri Delphici.

V Inscriptiones lapidis muri polygonii; hl. nr. 4 etc. (a. Ἀμύντα)
VI " " muri orientalis; hl. m. 10 etc (a. Ἀρχιάδα)
VII " " " polygonii; hl. nr. 16, etc (a. Πυθοδώρου)
VIII " " " " ; hl. nr. 19 etc (a. [illegible])
IX-X Inscriptiones Monumenti bilinguis; hl. nr. 24-33 (a. [illegible])
" " " hl. nr. 226-229 (Aemilii Paulli)
XI-XII Inscriptiones basis triangulae Messeniorum et Naupactiorum:
XI lapis II, hl. n. 34 etc (a. Ἀριστονόμου)
XII " III, hl. n. 45 etc (a. Ἡρακλείου)

Abb. 11a und b Conspectus und Tab. XXX der von Pomtow für IG VIII geplanten Tabulae. Archiv IG.

Nachdem Pomtow sich aber aus Gründen, die sie nicht zu beurteilen hätten, zurückgezogen habe, dankten sie ihm für die Überlassung des von ihm erarbeiteten Materials. Ebenso dankten sie der Berliner Akademie für die Abschrift.

Perrot versicherte dann: Nachdem die Berliner Akademie ihren Teil der Vereinbarung erfüllt habe, könne er ihr versichern, dass auch Homolle alles dafür tue, um von der Vorbereitungsphase zur Ausführung zu kommen. In diesem Jahr seien durch Bourguet und Colin die meisten Texte nochmals durchgesehen und die Kopien vor Ort überprüft worden. „On espère, dès l'an prochain, pouvoir dresser les fiches pour l'impression."[134]

Schon zuvor hatte Homolle am 13. November für das Manuskript gedankt, das ihm Perrot am 10. November übergeben hatte. Er bedauerte aber nochmals den Rückzug von Pomtow als Mitautor und würdigte dessen Verdienste um die delphische Epigraphik.

In seinem ‚Bericht über die Sammlung der griechischen Inschriften' am 25. Januar 1906 vor der Akademie resümierte Wilamowitz nochmals:

> „Das wichtigste Ereignis des abgelaufenen Jahres ist, dass die Akademie denjenigen Teil der delphischen Inschriften, den sie übernommen hatte, in der Bearbeitung des Hrn. Dr. Pomtow an die französische Akademie abgeliefert hat, der die Herausgabe zusteht. Beide Akademien waren schon früher übereingekommen, für diese Inschriften von einer Publication in Majuskeln abzusehen. Hr. Dr. Pomtow hat sich hiermit aber nicht einverstanden erklären können, so dass sein Name als Bearbeiter auf dem Titel nicht erscheinen wird. Doch wird seiner sehr mühevollen und weitgreifenden Bearbeitung der vor den französischen Ausgrabungen gefundenen Steine Dank und Anerkennung nicht fehlen. Auch ist ihm sein Manuscript leihweise zurückgegeben, nachdem es für die französische Akademie copirt war, und beide Akademien haben ausdrücklich vereinbart, dass er in seiner eigenen freien Weiterarbeit nicht behindert sein soll."

XX

Ziehen wir ein vorläufiges Fazit in der *causa* Pomtow, die wir so genau wie möglich in ihrem ersten Stadium zu rekonstruieren versucht haben. Wir tun das am besten, indem wir zunächst die drei Hauptpersonen des Dramas einzeln in ihren Motiven und Absichten zu erfassen suchen.

Homolle hat wohl seit den 1880er Jahren, vor allem im Kontakt mit Mommsen, ernsthaft über eine Zusammenarbeit mit Berlin hinsichtlich der Inschrifteneditionen von Delos und Delphi nachgedacht. Unklar ist, ob ihm von vornherein oder erst allmählich dabei der taktische Gesichtspunkt wichtig wurde, damit die deutsche Konkurrenz auszuschalten. Dies wurde jedenfalls sein Haupt-

134 ABBAW, Akten PAW II–VIII, 90, Bl. 30–31.

motiv, als er in den 1890er Jahren zunehmend in Paris seitens des Ministers wie der Akademie – mit seinem erbitterten Gegner Foucart an der Spitze, aber der war nicht allein – unter Druck geriet, endlich mit der Publikation seiner Grabungen voranzukommen. Die in Delos war liegen geblieben, die in Delphi war mit seinem unzureichenden Personal einfach nicht zu bewältigen, vor allem auch, weil er kein *team-player* war, sondern viel zu viel in eigener Person tun wollte. Er war zudem daneben noch Direktor des athenischen Instituts!

„Combien de projets, d'ailleurs, n'a-t-il pas formés, sans avoir le temps ou le moyen de les exécuter! Comme chez la plupart des grands initiateurs, sa puissance pour concevoir dépassait encore sa force et sa persévérance pour réaliser", sagte mit Recht der Präsident der Académie, Charles Victor Langlois, in seinem Nachruf.[135]

Ein wichtiger Gesichtspunkt dabei ist auch, dass Frankreich nur bis fünf Jahre nach Ende der Grabung das alleinige Publikationsrecht hinsichtlich der Funde hatte. Die Frist drohte weitgehend unbenutzt auszulaufen.

Das Abkommen mit Berlin sicherte ihn davor, dass deutsche Gelehrte die Publikation übernehmen konnten. Darauf kam es Homolle an, wobei er sich aber wohl (zu) wenig Gedanken darüber machte, wie er die damit eingegangene Verpflichtung erfüllen könne. Im Moment glaubte er sich, vor allem auch in Paris, Ruhe verschafft zu haben.

Die Mitwirkung von Pomtow an der Edition der delphischen Inschriften musste er nach Lage der Dinge in Kauf nehmen. Er hat sie aber wohl bereitwillig zugesagt und auch später nie von sich aus in Frage gestellt. Allerdings hat er sich nicht klar gemacht, dass von daher Anforderungen an ihn kommen würden. Spätestens die beiden Briefe Pomtows nach Abschluss des Abkommens der Akademien zeigten indes auf, dass für eine ernsthaft betriebene Realisierung der Edition ein Zusammenwirken aller Beteiligten notwendig war, weil die spezielle Natur der delphischen Inschriften deren sachgerechte Bearbeitung nur im Überblick über das gesamte Material möglich machte. Das Schweigen von Homolle auf diese Briefe wie sogar auf eine offizielle Anfrage von Diels war insofern eine Bankrotterklärung. Bezeichnend ist, dass nach seinem Weggang aus Athen jahrelang sehr wenig für die Editionen geschehen ist.

Die Beschränkung auf eine Minuskeledition der Texte bedeutete für Homolle wohl vornehmlich eine Vereinfachung. Zugleich bot sie ihm die Chance, durch eine Veröffentlichung von Abbildungen möglichst bald und ohne großen Zeitaufwand eine Art von Publikation vorlegen zu können. Taktisch hatte er

135 Charles Victor Langlois, „Funérailles de M. Théophile Homolle", *CRAI* 1925, 392–397, hier: 395–396.

dafür nach dem Manifest von Wilmowitz im Jahre 1900 in diesem einen Verbündeten in Berlin gefunden, der einen entsprechenden Beschluss hinter dem Rücken von Pomtow herbeiführte.

Es spricht aber nichts dafür, dass Homolle von sich aus eine vorzeitige Ablieferung der Materialien Pomtows nach Paris angestrebt hat. Kenntnis von einem derartigen Plan wird er erst anlässlich des Besuchs von Wilamowitz in Delphi im Jahre 1903 bekommen haben. Erst recht konnte er nicht voraussehen, dass Pomtow auf das Wegfallen der Majuskeltexte so entschieden mit dem Rückzug von der gemeinsamen Herausgeberschaft reagieren würde. Das hat ihn wohl wirklich überrascht, sogar betroffen gemacht. Dabei wird auch deutlich, dass Homolle die wissenschaftliche Leistung von Pomtow zu dieser Zeit sehr hochschätzte.

Wilamowitz hatte als der umfassende Altertumswissenschaftler, als der er sich fühlte und der er war, schon lange sein Interesse an den griechischen Inschriften bekundet, bevor er nach Berlin kam. Den Vorsitz der Kommission für die griechischen Inschriften zu übernehmen, reizte vielleicht auch den Schwiegersohn Mommsens. Sein ‚Manifest' im Jahre 1900 zeigt indes, dass er die Inschriften vor allem als Philologe und Historiker schätzte, dass ihm aber die praktische Tätigkeit des Epigraphikers nicht sehr vertraut war. Dass er das Problem der Majuskeltexte zu einseitig sah, hat ihm Haussoullier sogleich deutlich, aber vergeblich geschrieben. Seine Aufgabe als Kommissionsvorsitzender sah er vor allem darin, nach dem, was für ihn der Schlendrian der letzten Jahre Kirchhoffs war, Ordnung zu schaffen. Das hat er durch die Neukonzeption der in *Inscriptiones Graecae* umbenannten Sammlung getan, aber auch dadurch, dass er sich des in seinen Augen ungeeigneten Bearbeiters der Inschriften von Samos entledigte.[136]

In Pomtow sah Wilamowitz wohl eine weitere ‚Altlast' aus der Zeit Kirchhoffs und hielt ihn für einen Umstandskrämer, der nicht fertig werden konnte. Dabei zog er nicht in Betracht, dass Pomtow die Inschriften nur deshalb nicht weiterbearbeiten konnte, weil Homolle eine entsprechende Zusammenarbeit verweigert hatte. Maßgebend aber war für ihn der Wunsch, mit den Franzosen in ein freundschaftliches Verhältnis der Zusammenarbeit zu treten. Schon Mommsen war gegen Pomtow gewesen, weil er Delphi ganz den französischen Bearbeitern überlassen wollte, und Wilamowitz dachte auf derselben Linie. Deswegen zwang er ihn dazu, seine Materialien nach Paris auszuliefern zur dortigen beliebigen Verwendung. Dies war ein klarer Bruch mit dem Abkommen

136 Brief vom 2. Mai 1904 an Ludwig Bürchner; vgl. Wilamowitz, *Erinnerungen* (Anm. 61), 307. Bürchner war in Erlangen mit der Dissertation: *Die Besiedelung der Küsten des Pontos Euxeinos durch die Milesier*, Kempten 1885 promoviert worden.

von 1899, das eine Teilung der Herausgeberschaft festgelegt hatte; es war auch gänzlich unsachgemäß, weil Pomtow das Manuskript so nur auf dem gegenwärtigen Stand abschließen konnte und dieses bei einer Verzögerung der Edition wieder veralten musste. Und dass mit einer schnellen Bearbeitung in Paris überhaupt nicht zu rechnen war, musste auch Wilamowitz mehr oder weniger klar sein. Dass Pomtow unter diesen Umständen von der Herausgeberschaft zurücktrat, war nur folgerichtig, auch ganz abgesehen von der Majuskelfrage. Dagegen ist eher fraglich, dass Wilamowitz dies vorausgesehen oder gar angestrebt hat; es wird ihm aber sicher willkommen gewesen sein.

Wirklich schäbig war dabei die Honorierung mit nur 3.000 Mark, während – ganz abgesehen von der durchaus einleuchtenden Rechnung von Pomtow – Hiller immerhin auf 5.450 Mark gekommen war. Pomtow willigte nur ein, weil er in einer Art von Kuhhandel dafür die Gewährleistung seiner weiteren wissenschaftlichen Arbeit an den delphischen Inschriften einhandeln konnte. Wilamowitz seinereits ging darauf ein, weil er dessen fachliche Leistungen durchaus respektiert hat.

Pomtow hatte seit 1887 Delphi zu seiner Lebensaufgabe gemacht und seine Forschungen von vornherein sehr breit angelegt. Klugerweise hätte er die Edition bei Beginn der französischen Grabungen abschließen sollen, und wäre es wohl besser gewesen, wenn Kirchhoff ihm damals nicht nachgegeben hätte. Allerdings hat Hiller in seiner Würdigung der Angelegenheit völlig zu Recht festgestellt, dass Pomtow dann auch nicht die wissenschaftliche Position erreicht hätte, die er im Jahre 1904 besaß. Er hatte weit mehr als irgendein anderer für die Erschließung der delphischen Inschriften getan, ja konnte dafür als Autorität gelten.

In das Abkommen von 1899 hatte er eingewilligt, auch wenn es ihm die Hoffnung raubte, dereinst sämtliche delphischen Inschriften im Rahmen des CIG herausgeben zu können. Dann aber war er zuerst durch die Verweigerungshaltung von Homolle enttäuscht worden, und nun musste er noch sein Manuskript ausliefern.

In der Majuskelfrage war er an sich selbst zwiespältig. In seinem Rechenschaftsbericht von 1904 beklagt er ausführlich die Fronarbeit, zu der ihn Kirchhoff anfangs jahrelang gezwungen hatte, sah also selbst die Wiedergabe in Majuskeln keineswegs durchweg als zwingend an. Nun aber waren diese Majuskeln quasi zu einem Teil seiner Identität geworden – und hielt er sie bei vielen delphischen Texten in der Tat für zwingend notwendig.

Sein Verhältnis zu den französischen Forschern war an sich bis zu Beginn des 20. Jahrhunderts durchaus entspannt. Nach der anfänglichen Polemik des Jahres 1889 hatte sich ein Briefwechsel und Austausch von Separata, ja sogar eine gute Zusammenarbeit mit den in Delphi tätigen Epigraphikern und mit Holleaux entwickelt, die ihren Höhepunkt bei der Abfassung des *RE*-Artikels 1899–1901 gefunden hat. Gelegentliche kritische Bemerkungen zu der personellen Unterausstattung in Delphi und zu der langsamen Publikationstätigkeit blieben im fachlichen Rahmen – und sind keineswegs nur von ihm vorgebracht worden.

Die erzwungene Ablieferung des Manuskripts und der Verzicht auf die Majuskeltexte mussten Pomtow mit Erbitterung erfüllen, der sich damit eines großen Teils seines Lebenswerkes vertragswidrig beraubt sah. In das, was zwischen den Akademien und zwischen Homolle und Wilamowitz vorgegangen war, war er natürlich nicht eingeweiht. So muss dahin gestellt bleiben, in welchem Maße er dafür Homolle und in welchem er Wilamowitz verantwortlich gemacht hat; ganz gewiss aber hat er einen großen Teil der Verantwortung bei Homolle gesehen, dessen Verweigerungshaltung offenkundig war und dessen anerkennende Worte jetzt bei seinem Rückzug ihn schwerlich beruhigt haben, soweit sie ihm überhaupt zur Kenntnis gebracht worden waren.[137] Diese Erbitterung sollte ihre Folgen haben.

In seinen *Erinnerungen* hat Wilamowitz geschrieben:

> „In Betreff der delphischen Inschriften, die, ohne an die französischen Pläne zu denken, an H. Pomtow gegeben waren, war (wieder durch Mommsens Vermittlung) abgemacht, daß er nur die vor jenen Ausgrabungen bekannten Steine bearbeiten und diese Bearbeitung dann den Franzosen übergeben sollte. Das war sehr hart für ihn, denn seine Beziehungen zu den französischen Gelehrten waren nicht ohne seine Schuld äußerst gespannt. Aber ich konnte ihm nicht helfen; seine Polemik war auch mit meinem Wunsch unvereinbar, der auf freundschaftliche Zusammenarbeit gerichtet war."[138]

Diese Darstellung ist in mehrfacher Hinsicht unrichtig. Zum einen war, wie bereits dargelegt, im Jahre 1899 keineswegs abgemacht worden, dass Pomtow seine Bearbeitung „den Franzosen übergeben sollte"; zum anderen trifft es nicht zu, dass seine damaligen Beziehungen zu den französischen Gelehrten „äußerst gespannt" waren. Hier nimmt Wilamowitz eine Entwicklung vorweg, die Folge und nicht etwa Grund seines eigenen Handelns gewesen ist. Richtig dagegen ist, dass Wilamowitz viel an einem guten Verhältnis zu Frankreich gelegen war, weshalb er – etwas salopp formuliert – Pomtow auf dem Altar der deutsch-französischen Freundschaft als Opfer dargebracht hat. Dies Opfer sollte sich als höchst kontraproduktiv erweisen.

137 Das Schreiben von Perrot wird er mit Sicherheit auch nicht gekannt haben.

138 Wilamowitz, *Erinnerungen* (Anm. 61), 307–308.

Eine genaue Betrachtung der *Causa* Pomtow ist also durchaus geeignet, zur Differenzierung etablierter Vorstellungen beizutragen. Der deutsch-französische Antagonismus war eine Realität auch auf dem Felde der Wissenschaft, die zwar für alle Beteiligten feststand, die aber im gegebenen Fall zu sehr verschiedenen Verhaltensweisen und Handlungen führen konnte. Für Homolle war der Antagonismus in erster Linie ein Anlass, sein eigenes Terrain vertraglich abzusichern. Dabei aber hatte er nicht nur Berlin, sondern mindestens im gleichen Maße auch Paris im Auge, konnte er doch durch das Abkommen der Akademien zumindest vorübergehend seine aufgrund unzureichender Publikationstätigkeit schwache Position festigen. Seine Taktik war keineswegs ein Einzelfall. Schon Denis Raoul-Rochette und Jean Antoine Letronne hatten, wie etwa ihre Korrespondenz mit Carl Otfried Müller zeigt, bei ihrer erbitterten Auseinandersetzung in den 1830er Jahren wiederholt ‚Hilfstruppen' jenseits des Rheins zu mobilisieren versucht,[139] und Holleaux war in den Jahren 1908/10 nur auf dem Weg über Berlin imstande, die Edition der delischen Inschriften voran zu bringen.[140] Generell lässt sich auch mühelos belegen, dass der Verweis auf die deutsch-französische Rivalität für manchen Wissenschaftler ein probates Mittel war, bei den politischen Instanzen zusätzliche Mittel für seine Forschung herauszuholen, weswegen derartige taktisch bedingte Bemerkungen für sich genommen noch keinen Rückschluss auf die innere Einstellung des Schreibenden zulassen.[141]

Verwiesen also schon interne Schwierigkeiten und Wünsche auf den Blick über den Rhein, so sollte andererseits doch nicht übersehen werden, wie sehr es auch reizvoll war, diese Grenze zu überwinden. Von der Freude am Exotischen bis hin zu aufrichtigem Verständigungs- und Versöhnungswillen gab es da gewiss eine ganze Bandbreite von Motiven. Die Genugtuung, zu einer Zusammenarbeit zu gelangen, hat sich im Umfeld des Zustandekommens des Abkommens von 1899 wiederholt auf beiden Seiten auch in den offiziellen Verlautbarungen manifestiert und sie wird noch im Schreiben von Perrot vom 20. No-

139 Ève Gran-Aymerich – Jürgen von Ungern-Sternberg (Hrsg.), *L'Antiquité partagée. Correspondances franco-allemandes (1823–1861)*, Paris 2012.

140 von Ungern-Sternberg, *Delos* (in diesem Bande, Teil II).

141 Ein Beispiel wäre die Schaffung der *BCH* als Antwort auf die *Athenischen Mitteilungen*. (In den Schreiben der Direktoren der École d'Athènes an den Minister war der Hinweis, ‚les Allemands' haben oder tun schon dies und das ein Leitmotiv für die Begründung finanzieller Forderungen.) Ein anderes war, wie schon aufgezeigt, die Finanzierung der Grabung in Delphi als Antwort auf Olympia (oben Anm. 12). Auf deutscher Seite verfuhr man nicht anders. So spielte Mommsen „immer wieder die nationale Karte, um die finanzielle Sicherung des lateinischen Inschriftencorpus durch die öffentliche Hand zu sichern", etwa in seiner Denkschrift von 1883: Rebenich, *Die Deutschen* (Anm. 95), 88–89.

vember 1905 sichtbar, wenn er von „achèvement de l'entreprise en vue de laquelle s'est faite une entente internationale" spricht. Sie hat wohl auch zeitweise die Zusammenarbeit von Pomtow mit Holleaux, wie mit Bourguet und Colin und auch Homolle inspiriert, die einige Zeit vor dem Vertrag von 1899 schon im besten Gange gewesen ist. Es ist sehr bedauerlich, dass die entsprechenden Korrespondenzen offenbar nicht mehr vorhanden sind. Die harmonische Zusammenarbeit wenig später bei der Edition der delischen Inschriften freute Wilamowitz noch im Rückblick seiner ‚Erinnerungen'.[142] So war es gerade sein unbedingter Wunsch, die Zusammenarbeit zu fördern, der ihn einen Vertrag nicht genau lesen ließ und der ihn veranlasste, die Verzögerungstaktik von Homolle beharrlich zu übersehen. Nicht deutsch-französischem Antagonismus ist Pomtow also zum Opfer gefallen, sondern ironischerweise deutsch-französischem Verständigungswillen.

142 Wilamowitz, *Erinnerungen* (Anm. 61), 314–315.

3. Die Folgen des Scheiterns für Pomtow und für die Inschriften von Delphi

XXI

Im Jahr 1905 – der Brief ist leider nicht datiert – hat Wilamowitz an Pomtow geschrieben:

> „Die Bewegungsfreiheit, die Ihnen von Homolle in dem Schreiben, das Sie kennen, gewährt ist, lässt Ihnen die eigne Weiterarbeit mit dem Material, das Sie in die Hände der Akademie, diese in seine Hände gibt. Das ist was mein Satz bezeichnete. Welche factischen Beziehungen zwischen der griechischen Regierung und Homolle obwalten, kann ich nicht angeben: nach dem stricten Recht ohne Zweifel die, dass die Verfügung über Delphi bei den Griechen steht; aber es gilt nicht das ius strictum zu allen Zeiten. Ich halte mich gebunden in diese zarten Beziehungen nicht einzugreifen. Also die Erlaubnis in Delphi so wie Sie es wünschen zu arbeiten, zu zeichnen und zu messen, die müssen Sie sich selbst verschaffen; ich habe nicht einmal ein Urteil, ob sich die griechische Regierung dazu competent hält."

Pomtow hatte offenbar Wilamowitz im Vorfeld seiner geplanten Reise nach Delphi gebeten, für ihn dort bei der griechischen Regierung eine Forschungserlaubnis zu erwirken oder zu befürworten. Die Antwort von Wilamowitz zeigt, dass er zwar wie Pomtow davon ausging, dass die alleinige französische Zuständigkeit für den Grabungsplatz Delphi bereits beendet war, dass er aber Vorsicht walten lassen und nicht von sich aus tätig werden wollte. De facto erkannte er also die fortbestehenden französischen Ansprüche an, ohne freilich Pomtow auf dieselbe Haltung zu verpflichten.

In der Tat hatte Homolle zwar am 2. Mai 1903 in einer feierlichen Zeremonie Delphi in die Obhut des griechischen Staates zurückgegeben, zugleich konnte aber nicht die Rede davon sein, dass mit dem Ende der Grabungen auch die Erforschung des Ortes abgeschlossen war.

Treffend bemerkt zum damaligen Stand der Dinge Jean Marcadé:

> „Croire que l'on pouvait en dix années avoir épuisé un site tel que Delphes et résolu tous les problèmes que l'archéologie pose à l'histoire relevait à coup sûr d'une grande illusion. Une fouille extensive et hâtive accomplie en temps limité sur une aire aussi vaste et sur un terrain aussi difficile, ne pouvait pas être exhaustive. Pour épuiser les résultats scientifiques, il faudrait encore bien des vérifications, recoupements et compléments."[143]

---

143 Jean MARCADÉ, „Delphes retrouvé", in: *Institut de France. Académie des Inscriptions et Belles Lettres. Séance publique annuelle et commémoration du centenaire de la grande fouille de Delphes par l'École Française d'Athènes*, Paris 1992, 32.

Allenfalls bis zum Jahr 1908 hatte Frankreich vertragsgemäß noch das alleinige Publikationsrecht für die Resultate der Grabungen,[144] abzusehen war aber, dass diese Frist nicht von Ferne ausreichend war. Nicht umsonst hatte Edmond Pottier bereits 1901 die Verzögerung der Publikationen gerügt (oben bei Anm. 111). In den Jahren nach 1903 ist von französischer Seite zunächst sehr wenig zu Delphi publiziert worden.

Über seine erste Forschungsreise nach Delphi im Jahr 1906 hat Pomtow umgehend in der *Berliner philologischen Wochenschrift* Bericht erstattet.[145] Seine Bemerkungen zu der damaligen Atmosphäre in Delphi verdient vollständig zitiert zu werden:

> „Die großen glänzenden Aufgaben sind von den französischen Gelehrten in der Hauptsache beendigt und des Dankes der gelehrten Welt dürfen sie dafür gewiß sein. Fehlen jetzt zur Vollendung des Werkes und seiner unendlichen Kleinarbeit Zeit und Kräfte, so ist die Liberalität um so dankbarer zu begrüßen, mit welcher von französischer wie von griechischer Seite den Mitforschern der Zugang zu Delphi geöffnet und ihre Mitarbeit akzeptiert wird. So hat Nikitsky vier Monate lang sämtliche fünf- bis sechstausend delphische Inschriften abklatschen und kopieren können,[146] so ist Durm mehrere Monate hindurch mit einem Zeichner in den Ruinen tätig gewesen,[147] und so hat sich der Unterzeichnete der vollsten Bewegungsfreiheit erfreuen dürfen und ist mit reichen Sammlungen von Hunderten von Photographien, Zeichnungen, Steinproben und gegen 1000 Abklatschen zurückgekehrt. Es sei ihm vergönnt, den Herren Homolle, Holleaux und Kavvadias [Panagiotes Kavvadias (1850–1928), 1885–1909 Generalephoros] für ihre Erlaubnis und den Herren Keramopulos [Antonios D. Keramopoullos (1870–1960), damals Ephoros von Böotien und Phokis] und Kontoleon [Alexandros Emm. Kontoleon (1859–1943), Ephoros für Delphi] für ihre unermüdliche tatkräftige Unterstützung seiner Arbeit auch hier seinen Dank auszusprechen." (25)[148]

Pomtows Reise galt vor allem der Fortsetzung seiner topographischen Studien zum Heiligtum. Er lobt mit allgemeinen Worten die Energie der Ausgräber, insbesondere auch von Homolle (9; 23–24), verbindet aber damit scharfe Kritik an

144 Der Vertrag sah ein Exklusivrecht von fünf Jahren ab dem Funddatum jedes einzelnen Objekts vor; da waren schon 1903 viele Fristen abgelaufen: MARCADÉ, „Delphes" (Anm. 143), 27.

145 „Delphica. Vorläufiger Bericht über die Ergebnisse einer Reise nach Delphi", *Berliner Philologische Wochenschrift* 1906, 1165–1184; auch erschienen als Separatdruck: *Delphica*, Leipzig 1906 (danach die Zitate).

146 Zu Alexander Nikitsky s. oben Anm. 45. In diesem Punkt musste sich Pomtow freilich korrigieren; in *Berliner Philologische Wochenschrift* 1909, 381 f. berichtet er: „Nur bei den bereits früher edierten Inschriften hat Homolle ihm gestattet, Abklatsche zu nehmen." Ebda. korrigiert er auch: Durm war nur 14 Tage in Delphi.

147 Der bekannte Architekt des Historismus Josef Durm (1837–1919) hat im *Handbuch der Architektur* den Band *Die Baukunst der Griechen* veröffentlicht (Darmstadt 1881).

148 Zahlreiche Bücher und Artikel, die Pomtow Kontoleon gewidmet hat, dazu einige Briefe und Postkarten zwischen 1906 und 1912 befinden sich im Maison de fouilles in Delphi (Hinweis von Anne Jacquemin).

der Einrichtung des Museums (6 Anm. 3), am vollständigen Fehlen der definitiven Grabungspublikation, wobei er insbesondere auch die Sammlung der Inscriptiones Delphorum (IG Vol. VIII) erwähnt (9–10), am Fehlen eines Architekten (12; vgl. oben Anm. 44) und schildert in extenso die mangelnde Ordnung bei den Grabungsfunden (12–23). Dabei verweist er auch auf andere kritische Stimmen, die Pottiers und Furtwänglers (11 Anm. 5) und insbesondere auf den unter Pseudonym erschienenen Zeitungsartikel „eines bekannten griechischen Gelehrten“, den er im Anhang vollständig in deutscher Übersetzung bietet (37–42). Lobend wird die gute Zusammenarbeit mit Kontoleon (Abb. 12) erwähnt (17–19).

Abb. 12 Der Ephoros Kontoleon mit Familie. Photo von Walter Pomtow, 1910 Nr. 251. Archiv IG.

Aufschlussreich ist ein gleichzeitig 1906 erschienener Artikel Pomtows, in dem er seine Forschungen in Delphi ausgewertet hat.[149] Anerkennend zitiert er die „verdienstliche“ Thèse von Bourguet, die dieser ihm offensichtlich zugesandt hatte (370–371).[150] Wiederum wird Kontoleons Hilfe erwähnt (375–376). Zu einem neu gefundenen Fragment einer Inschrift bemerkt Pomtow aber: „Genaue Abschriften hier zu publiciren, halte ich mich nicht für befugt.“ (375). Er respektierte also zu diesem Zeitpunkt die französischen Ansprüche.

Aber dann nicht ganz. In einem weiteren Aufsatz publizierte er Inschriften von der Phoker-Mauer, die in der Antike getilgt worden waren, und bemerkte dazu:

> „Es geschieht in der Überzeugung, daß niemands Rechte durch solche Publikation verletzt werden, weil m.W. keiner der französischen Gelehrten die Entzifferung dieser Texte unternommen hat oder jemals unternehmen wird.“[151]

XXII

Der kritische Reisebericht von Pomtow löste auf französischer Seite eine gewisse Unruhe aus, wie Félix Dürrbach am 21.Oktober 1906 an Wilamowitz schrieb.[152] Zugleich fand er aber die Kritik nicht völlig unverdient.[153]

In der Tat war Homolle, zu dieser Zeit Direktor des Louvre, auch im eigenen Land wegen der fehlenden Veröffentlichungen der Grabungen von Delos und Delphi zunehmend unter Druck geraten. Die Zuständigkeit für Delos hatte er bereits 1904 an Holleaux, den neuen Direktor der École Française d'Athènes abgeben müssen; Ende 1905 auch die Publikation der Inschriften, für die u.a.

---

149 Pomtow, „Ein delphisches Exemplar von ‚Kassanders Ehrentafel‘ und die delphischen Inschriften aus Bd. VIII d. Z.“, *Hermes* 41, 1906, 356–377.

150 Émile Bourguet, *De rebus Delphicis imperiatoriae aetatis capita duo*, Montpellier 1905. Seine eigentliche Thèse war: *L'administration financière du sanctuaire pythique au IVe siècle avant J.-C.*, Paris 1905.

151 Pomtow, „Neues zur delphischen Stasis vom Jahre 363 v. Chr.“, *Klio* 6, 1906, 400–419; das Zitat 407 Anm. 1.

152 GÖ NL Wilamowitz, Cod. Ms. 296.

153 Dem entsprach aus deutscher Sicht die (wohl von Wilamowitz formulierte) Bemerkung im Wahlvorschlag für den am 7. Februar 1907 zum Korrespondierenden Mitglied der Berliner Akademie gewählten Haussoullier, er sei „der dritte epigraphische Specialist darin (sc. der Pariser Akademie) nach Foucart und Homolle, von denen freilich beträchtliche eigene wissenschaftliche Arbeit nicht mehr viel erwartet werden kann“: Christa Kirsten (Hrsg.), *Die Altertumswissenschaften an der Berliner Akademie. Wahlvorschläge zur Aufnahme von Mitgliedern von F.A. Wolf bis zu G. Rodenwaldt 1799–1932*, Berlin 1985, 132–133.

Dürrbach verantwortlich war.[154] Delphi allerdings reservierte er sich weiterhin als seine ausschließliche Domäne.

Insbesondere der Minister wurde zunehmend ungeduldig. Er hatte nach den Aktivitäten 1907 gefragt mit dem für die Publikation von Delphi bestimmten Kredit. Homolle antwortete darauf am 7. Mai 1907 ebenso dilatorisch wie ein Jahr darauf am 9. Mai 1908.[155] Die Antwort des Ministers vom 11. Juli 1908 an einen seiner Chefbeamten war von bemerkenswerter Deutlichkeit:

> „[...] Ce rapport, qui reproduit en grande partie les conclusions de votre rapport du mai 1907, appelle aussi de ma part les mêmes observations. Je suis donc obligé d'insister de nouveau, mais d'une manière encore plus pressante pour que vous hâtiez l'achèvement de la publication."

Homolle verlange beträchtliches neues Personal und sehe mehrere eigene Forschungsreisen vor, die mit seinen sonstigen dienstlichen Verpflichtungen schwerlich vereinbar seien. Wenn er, der Minister, dafür vom Parlament zusätzliche Mittel fordere, müsse er auch aufzeigen, dass bisher die Publikation ungenügend vorbereitet worden sei.

> „D'autre part, une solution définitive s'impose. Les fouilles de Delphes, par les résultats qu'elles ont donnée, vous ont fait grand honneur et ont attiré l'attention du monde savant. On s'étonne d'autant plus vivement que d'aussi précieux documents ne soient pas encore mis à la disposition des travailleurs. A l'étranger, on se plaint même, et dans des termes regrettables pour la science française.
>
> Je vous prie donc de nouveau de me faire connaître d'une façon précise:
>
> 1° Ce qui pourra paraître avant le 31 décembre 1908,
>
> 2° Comment à l'aide des crédits inscrits au budget vous pourrez, dans un délai de quatre ou cinq ans, en faisant appel à des collaborateurs plus nombreux, assurer l'achèvement de la publication."

Andernfalls drohte der Minister die Streichung des Kredits an oder stellte in Aussicht, er werde sich an die Akademie wenden und diese um ihre Meinung zur Sicherung der Publikation bitten.[156]

Der Minister hatte dabei wohl Kenntnis von Stimmen wie der Foucarts, der am 7. August 1907 an Wilamowitz schrieb:[157] „Serez-vous plus heureux que je ne l'ai été dans mes réclamations au sujet des inscriptions de Delphes et de Délos?"[158]

---

154 von Ungern-Sternberg, *Delos* (in diesem Bande, Teil II).

155 BIF NL Homolle, Ms. 3889.

156 BIF NL Homolle, Ms. 3889.

157 Das Folgende wie in von Ungern-Sternberg, *Delos* (in diesem Bande, Teil II).

158 NL Wilamowitz Cod.Ms. 379.

Am deutlichsten aber hat sich Holleaux in einem Brief vom 31. Januar 1908 an Georges Perrot, seit 1904 sécretaire perpétuel der Akademie, ausgesprochen.[159] Es ging um das Angebot, eine neue Grabung zu finanzieren. Holleaux reagierte heftig:

> „Depuis 25 ans, l'École a commencé 9 fouilles importants; elle n'en a pas achevé une seule (car pour les gens au courant, Delphes même n'est pas terminée), elle n'en a pas publié une seule. Il est temps de rompre avec une tradition qui nous fait honte et qui ameute contre nous l'opinion du monde archéologique."

Erst einmal gelte es die Grabungen in Delos abzuschließen und zu publizieren.[160] Andernfalls – und nun formuliert Holleaux pointiert: „Vous ne saurez jamais le tort cruel qu'a fait à l'École et même à la France la lamentable banqueroute de Delphes."[161]

Die vielfältige Kritik zeigte schließlich Wirkung, und Homolle trat wenigstens teilweise den Rückzug an. Eine Ende Dezember 1908 beim Ministerium gebildete *Commission de la publication des fouilles de Delphes* unter dem Vorsitz von Maxime Collignon brachte endlich die Veröffentlichung der Fouilles de Delphes in Gang. Homolle behielt die Oberleitung der Publikationen und trug selbst einen Faszikel zu den Skulpturen bei.[162] Die Commission beauftragte nun förmlich mit der Publikation der Inschriften im dritten Band Bourguet und Colin, die auf diesem Gebiet schon lange tätig gewesen waren.[163] In den Jahren 1909 und 1910 erschienen von Beiden erste Faszikel der Sammlung.[164]

---

159 AIF 14 G 3.

160 Ganz entsprechend formuliert der Wahlvorschlag für die Wahl von Holleaux zum Korrespondierenden Mitglied der Berliner Akademie vom 17. Dezember 1908: „Es zeigt sich schon am Anfang, dass er im Gegensatz zu vielen seiner Landsleute gewillt ist, seine Kraft auf einen Punct zu concentrieren." Er habe als Direktor in Athen im Bulletin und auf Delos Ordnung geschaffen.

161 Noch am 19. November 1913 hat Holleaux den Vorwurf des Bankerotts in Delphi, verbunden mit den heftigsten Angriffen gegen Homolle, in einem Brief an Hiller von Gaertringen wiederholt: Archiv IG.

162 Théophile HOMOLLE, *Fouilles de Delphes* (FD) IV 1: *Monuments figurés. Sculptures*, Paris 1909. Die Protokolle der Kommission befinden sich im Archiv der École française d'Athènes (Hinweis Anne Jacquemin).

163 Émile BOURGUET, FD III 1: *Inscriptions de l'entrée du sanctuaire au trésor des Athéniens*, Paris 1929, Préface II.

164 Von dem Bande Bourguets (Anm. 163) erschienen die S. 1–104 im Jahr 1910, die S. 105–200 im Jahr 1911, der Rest 1929. Gaston COLIN, FD III 2: *Inscriptions du trésor des Athéniens*, Paris 1909–1913.

Bourguet bemerkt dazu im Jahr 1929:

> „Quand la Commission de Delphes se réunit, nous avons accepté, M. Colin et moi, malgré les objections que nous avions dès l'abord à présenter, le plan de publication qui nous était proposé. J'ai donc dû pour la première fois étudier selon l'ordre topographique non pas les inscriptions seulement, mais les monuments, trésors et bases, de la région d'ont j'avais à rassembles les textes. Ces textes auraient pu être revues en quelques semaines [...].“[165]

Er machte also rückblickend deutlich, dass er und Colin trotz ihrer Einwände eine topographische Anordnung akzeptieren mussten, was die Arbeit an den Texten sehr verzögert hat. Maßgebend dafür war sicher das Votum von Homolle. Die Folgen waren aber sehr viel gravierender als Bourguet es erkennen lässt. Die topographische Anordnung, einschließlich des Studiums der Monumente, bedeutete zwar nicht die offizielle Aufgabe der Veröffentlichung der Inschriften als ein einheitliches *Corpus* im Stile der IG,[166] in der Sache aber ihre Verschiebung ad calendas Graecas. Einmal mehr ist klar ersichtlich, dass Homolle niemals die Absicht gehabt hat, den Vertrag von 1899 zu erfüllen. Dabei hat er kurz darauf in Berlin ein zusätzliches Abkommen hinsichtlich der Publikation der Inschriften von Delos ausgehandelt. Der von Perrot am 11. Juli 1910 unterzeichnete Vertrag beginnt mit den Worten: „En exécution de l'entente intervenue en 1899 entre les Académies de Berlin et de Paris pour la publication des inscriptions de Délos et de Delphes [...].“[167]

Mit diesem unzweckmäßigen Procedere hat Homolle ausserdem erreicht, dass die Inschriften von Delphi bis heute nicht vollständig publiziert worden sind. Jean Pouilloux bemerkt dazu im Jahr 1988:

> „Une grande lacune affecte pourtant dès origine cette longue entreprise. La publication des *Fouilles de Delphes* n'a jamais voulu constituer le Corpus delphique. Tous les textes trouvés avant la fouille ou en dehors d'elle étaient exclus.“[168]

165 FD III 1 (Anm. 163), III.

166 Die damalige Sprachregelung, die sich als Fiktion erweisen sollte, wird in einem Brief von Bourguet vom 23. Februar (1910) an Homolle deutlich: „Puisque nous avons dû adopter l'ordre ‚topographique' et que notre publication ne sert qu'à préparer le volume des *IG* [...] une publication provisoire [...] pour le peu de temps où notre travail servira [...] ce sera l'affaire de la publication définitive.“ BIF NL Homolle, Ms. 3829.

167 VON UNGERN-STERNBERG, *Delos* (in diesem Bande, Teil II).

168 Jean POUILLOUX, „L'épigraphie grecque“, in: *Centenaire de l'Année épigraphique*, Paris 1988, 18–19. Ein Anfang sei aber gemacht worden mit Georges ROUGEMONT, *Lois sacrées et les règlements religieux*, Paris 1977. Seit diesem ersten Band des *Corpus des inscriptions de Delphes* (*CID*) sind bisher vier weitere erschienen; zuletzt *CID* V, Paris 2018–2022: Dominique Mulliez, *CID* Tome V: *Les actes d'affranchissement*, vol. 1: (Nr. 1–722) und vol. 2 (Nr. 723–1341).

Es ist also lange Zeit dabei geblieben, dass das *Corpus* zumindest de facto aufgegeben worden war, dass aber gleichzeitig die Fiktion des Vorläufigen bei der Publikation der delphischen Inschriften beibehalten worden ist. Anlässlich der Veröffentlichung von Faszikel III der Inschriften führte Georges Daux im Vorwort aus:

> „Nous arrivons [...] dans une partie du sanctuaire partiellement connue dès avant les fouilles de l'École française. On ne trouvera ici, en principe, que lest textes mis au jour par les fouilles; pour les textes antérieures le recueil de J. Baunack [s. oben Anm. 126] démeure, en attendant le *Corpus* des inscriptions de Delphes, un instrument de travail indispensable."[169]

Im Zusammenhang mit der Neuordnung hat Homolle 1909 an Bourguet auch das Manuskript von Pomtow übergeben, das im Jahr 1905 von der Berliner Akademie an die Akademie in Paris übersandt worden war (oben Anm. 133). Das ist beiläufig aus einem Brief Bourguets an Pottier vom 28. Februar 1933 zu erfahren.[170]

---

169 Georges Daux – Antoine Salač, *FD* III 3: *Inscriptions depuis le trésor des Athéniens jusqu'aux bases de Gélon*, Paris 1932, Préface I.

170 Der Brief befindet sich im Archiv der École Française d'Athènes, fonds commission Delphes-Délos, ebenso ein Exemplar des Manuskripts von Pomtow (Abb. 10; Hinweise von Anne Jacquemin). Sehr wahrscheinlich handelt es sich dabei um das an Bourguet übergebene Exemplar.

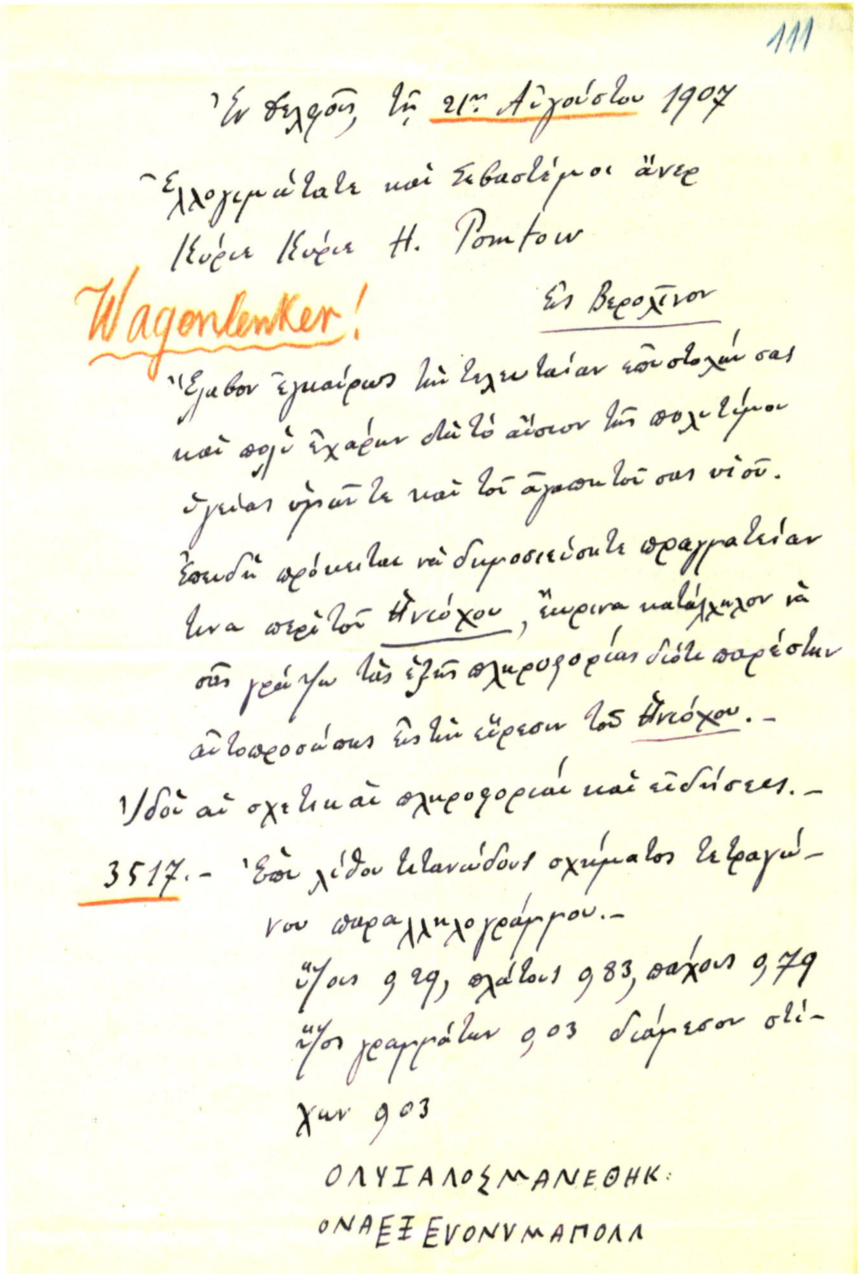

111

Ἐν Δελφοῖς τῇ 21ῃ Αὐγούστου 1907

Ἐλλογιμώτατε καὶ σεβαστέ μοι ἄνερ

Κύριε Κύριε H. Pomtow

Wagenlenker!

Εἰς Βερολῖνον

Ἔλαβον εὐχαρίστως τὴν τελευταίαν ἐπιστολήν σας καὶ πολὺ ἐχάρην διὰ τὸ αἴσιον τῆς [illegible] ὑγείας ὑμῶν τε καὶ τοῦ ἀγαπητοῦ σας υἱοῦ.

Ἐπειδὴ φρονεῖτε νὰ δημοσιεύσητε πραγματείαν [illegible] περὶ τοῦ Ἡνιόχου, ἔκρινα καλλίτερον νὰ σᾶς γράψω τὰς ἑξῆς πληροφορίας διότι [illegible] αὐτοπροσώπους εἰς τὴν εὕρεσιν τοῦ Ἡνιόχου.–

Ἰδοὺ αἱ σχετικαὶ πληροφορίαι καὶ εἰδήσεις.–

3517.– Ἐπὶ λίθου [illegible] σχήματος τετραγώνου παραλληλογράμμου.–

ὕψος 0,29, πλάτος 0,83, πάχος 0,79 ὕψος γραμμάτων 0,03 διάστημα στίχων 0,03

ΟΛΥΙΑΛΟΣΜΑΝΕΘΗΚ:

ΟΝΑΕΞΕΥΟΝΥΜΑΠΟΛΛ

Abb. 13 Brief von Kontoleon an Pomtow vom 21. August 1907 mit Mitteilungen neuer Inschriften. Hier das Epigramm des Polyzalos mit Bezug zu der berühmten Statue des „Wagenlenkers“, SIG³ 36D; FD III 4, 452. Archiv IG.

XXIII

Währenddessen unternahm Pomtow, wiederum beurlaubt und finanziell unterstützt vom Preußischen Ministerium, im Herbst 1908 eine zweite Reise nach Delphi. Er wurde dieses Mal begleitet von dem Epigraphiker Heinrich Lattermann[171] und dem Architekten A. Gockel. Er hat darüber in der Berliner Philologischen Wochenschrift berichtet.[172]

Wiederum ging es Pomtow um die Topographie des Heiligtums. Seinen Bericht begann er sehr kritisch, indem er von den „delphischen Mißstände(n)" sprach (3) und die französischen Benennungen der Bauten fast durchweg in Zweifel zog (4; 7). Lobend dagegen nennt er den Ephoros Keramopulos, unter dessen Leitung Museum und Temenos eine stetige Verbesserung erfahren hätten (9).

Als „Hauptfund der diesmaligen Campagne" nennt er „die Aufdeckung des echten Thesauros von Korinth." (7). Es sei ihm „nichts übrig" geblieben, „als durch Versuchsgrabungen festzustellen, ob etwa Fundamente an der von mir vermuteten Stelle von den Franzosen unvollständig ausgegraben worden seien. [...] Diese Auffindung [...] (habe) mit einem Schlage die heillose Verwirrung, in welche die Topographie der Schatzhäuser durch Homolles irrigen Ansatz auf der ‚unteren Terrasse' gebracht worden war" beseitigt (8). Eine weitere Grabung habe „der Aufdeckung und Rekonstruktion der alten Tholos von Sikyon" gegolten (8).

Pomtow konnte sich für diese Grabungen wie für die Mitnahme von 800 Abklatschen von Inschriften auf die Erlaubnis von Generalephoros Kavvadias beziehen. Daneben dankt er auch „dem in lokaler Steinkenntnis unerreichten Ephoros Kontoleon für seine tatkräftige, unermüdliche Hilfe" (12) Er handelte also nicht unautorisiert.

Bemerkenswert ist, dass der damalige Direktor des Deutschen Archäologischen Instituts in Athen und mit den Franzosen in bestem Einvernehmen stehende Georg Karo sich zur selben Zeit auch topographischen Studien in Delphi gewidmet und im *BCH* darüber berichtet hat. Auch er hatte sich um die Lokalisierung des Thesaurus von Korinth bemüht und war unabhängig zum gleichen

171 Heinrich Lattermann (1882–1914) war mit der Dissertation: *Griechische Bauinschriften* 1908 in Straßburg promoviert worden und hat 1909/10 das Reisestipendium des Deutschen Archäologischen Instituts bekommen. 1913 wurde er Oberlehrer am Realgymnasium zu Potsdam, 1914 Privatdozent für Archäologie an der Technischen Hochschule Charlottenburg. Er fiel als Kriegsfreiwilliger bereits am 6. August 1914.

172 *Berliner Philologische Wochenschrift* 1909, 155 ff. = *Delphica* II, Leipzig 1909 (danach die Zitate).

Ergebnis gekommen.[173] In einem Nachtrag beglückwünschte er Pomtow: „Mes félicitations pour le déblaiement qu'il a eu l'heureuse idée d'exécuter, cet automne, au lieu même où j'avais situé le Trésor de Corinthe."[174]

Auch Karo hat also in dieser Nachgrabung keinen Übergriff gesehen – und dies in der Zeitschrift des französischen Instituts zum Ausdruck bringen können. Delphi stand nun allen Forschern offen.

In einem weiteren Aufsatz erwähnt Pomtow die Forschungen von Colin wiederholt sehr anerkennend. Er hat offenbar in Delphi auch Bourguet getroffen und bezieht sich auf eine Mitteilung, die dieser ihm dort gemacht hatte.[175]

Gleichwohl hat Pomtows Vorgehensweise bei Bourguet (1868–1939) großes Unbehagen ausgelöst. Am 22. September 1909 schrieb er aus Delphi an Homolle,[176] Pomtow habe das ganze Inventar kopieren lassen: „Malgré tout on en a peur ici. Il serait bon que l'un de nous revînt, comme nous l'avons fait cette année Colin et moi, pour qu'on dise à P. que nous n'abondonnons pas Delphes et qu'on n'ait pas la joie de le voir piller et saccager."

Bourguet fürchtete, dass Pomtow seine eigene Arbeit und die anderer Franzosen durch eine frühere Veröffentlichung entwerten könne. Früher habe er Pomtow eine Zeichnung übergeben „à une époque (premières mois de 1906) où je ne pensais pas qu'il traiterait Delphes en pays conquis."

Sein Aufschrei war zu dieser Zeit etwas überzogen, aber, wie die Folgezeit lehren sollte, durchaus begründet.[177] In gewisser Weise glich seine Situation spiegelbildlich der Pomtows. Als Lehrer am Lycée de Lyon war er von 1892–1896 Mitglied der École Française d'Athènes gewesen und hatte seit deren Beginn an den Grabungen in Delphi als Epigraphiker mit zahlreichen Veröffentlichungen teilgenommen. Diese Tätigkeit hat er auch fortgesetzt als Maître de conférences für Griechisch an der Universität Montpellier (seit 1898) und von Paris (seit 1908). Auch seine Thèse von 1905 hatte Delphisches zum Inhalt (oben Anm. 150). Diesen Forschungen konnte er sich aber nur neben seiner berufli-

173 „En marge de quelques textes delphiques", *BCH* 33, 1909, 201–237.

174 „Note additionelle (1)", *BCH* 33, 1909, 436.

175 Pomtow, „Studien zu den Weihgeschenken und der Topographie von Delphi." V, *Klio* 9, 1909, 153–193; zu Bourguet 160 Anm. 1. Erwähnenswert ist die Schlussbemerkung Pomtows: „Den Ausgrabenden gebührt für ihre zehnjährige, mühevolle Arbeit der schuldige Dank, wie ich es stets betont habe trotz häufiger Gegensätze in der Methode und den Ergebnissen" (193). In einem Brief an Hiller vom 11. Februar 1908 betont Pomtow nach einer Kritik an den Grabungsmethoden von Homolle, dass „Bourguet, Colin, Perdrizet etc. tüchtig und gut ihre Aufgabe erfüllt haben."

176 BIF NL Homolle, Ms. 3824; vgl. auch die (anonyme) Kritik in *FD* III 1, 161 Anm. 1.

177 In der *Berliner Philologischen Wochenschrift* 1909 hat Pomtow bereits eine ganze Reihe unedierter Inschriften veröffentlicht, mit der Begründung: wegen langer Nichtveröffentlichung („25 Jahre und länger") (222; vgl. 383).

chen Haupttätigkeit widmen. Zudem sah er sich durch die topographische Orientierung der Inschriftenveröffentlichungen seit 1909 auf ein Procedere verpflichtet, das ein rasches Publizieren des epigraphischen Materials sehr erschwerte, wenn nicht unmöglich machte. Wenn er nun Pomtow, dessen Kompetenz ihm auch aus langjähriger Zusammenarbeit klar war, mit großer Energie in Delphi am Werk sah, so musste er in der Tat befürchten, dass dieser ihm wichtige Teile seines Materials wegnehmen werde. Es ging somit um einen fundamentalen Teil seines Lebenswerks. Im Verlauf der weiteren Entwicklung wurde er folgerichtig zum eigentlichen Antagonisten von Powtow. Offen muss dabei bleiben, ob ihm in Kenntnis des Vertrags von 1899 und des nun bei ihm befindlichen Manuskripts von Pomtow bewusst war, wie diesem mitgespielt worden war.

Pomtow hat die Wendung Bourguets gegen ihn in ihren Motiven wohl nicht begriffen, in jeden Fall aber in einem Brief an Hiller vom 14. Februar 1910 sehr bedauert, dass

> „dieser verdienteste und mir sehr befreundete Mann, den ich nie anders als mit größter Hochachtung genannt habe, ins Lager Homolles übergegangen ist und mit genau derselben, etwas verkappten Manier gegen mich zu Felde zieht. Es hat mir das sowohl um der Sache willen als auch persönlich weh gethan, und wegen der ersteren kann ich nicht ganz schweigen, denn: qui tacet consentit."

Gleichzeitig hat auch Homolle gelegentlich polemisch auf die Polemik Pomtows reagiert: „M. Pomtow, suivant son habitude, avait accusé un peu vite ses … adversaires d'inexactitude."[178] Insgesamt hat Homolle sich aber zurückgehalten und an der späteren polemischen Auseinandersetzung öffentlich nicht teilgenommen.[179] Er wusste ja nur zu gut um die wahren Hintergründe Bescheid.

Colin war damals um gute Beziehungen zu Pomtow bemüht. Am 2. März 1910 teilte er Homolle mit, dass er beabsichtige, ein Exemplar des ersten Faszikels von *FD* III 2 an Pomtow zu senden, und hat es am 7. März auch getan.[180]

Zu der derselben Zeit bat Holleaux am 18. Januar 1910 seinen Freund Hiller von Gaertringen, er möge Wilamowitz fragen, ob er wegen der Publikation der

---

178 Homolle, *FD* IV 1 (Anm. 163), 11 Anm. 1; vgl. 19: „M. Pomtow, qui abuse du plaisir qu'on peut avoir à discréditer ses collègues […]."

179 In seiner Mitteilung von Briefen Bourguets an die Akademie hat Homolle dessen Angriffe auf Pomtow weggelassen: *CRAI* 1909, 944–951.

180 BIF NL Homolle, Ms. 3889. Pomtow hatte seinerseits eine Arbeit von Colin besonders anerkennend zitiert: „Studien zu den Weihgeschenken und der Topographie von Delphi". V, *Klio* 9, 1909, 153–193, bes. 153–160 (160 Anm. 1 erwähnt auch einen persönlichen Hinweis von Bourguet).

Inschriften von Delos etwas von den Pariser Kollegen gehört habe. Andernfalls möge er doch selbst die Initiative ergreifen und bei der Académie anfragen.[181]

Hiller antwortete nach Rücksprache mit Wilamowitz am 22. Januar 1910, dass dieser nichts gehört habe, und fügte hinzu:

> „Es wäre für ihn auch kaum möglich, seinerseits die Initiative zu ergreifen und zu fragen. Die Berliner Akademie müsste ja in erster Linie nach Delphi fragen, wo die Engagements dringender sind, wo wir Opfer gebracht und unsere wissenschaftlichen Verpflichtungen erfüllt haben; Sie wissen wol, dass Herr Pomtow sein ausgearbeitetes Ms an die Berliner Akademie abgeliefert und diese eine Abschrift nach Paris geschickt hat, und das schon vor mehreren Jahren."[182]

XXIV

Wilamowitz fühlte sich in der Tat Pomtow weiterhin verpflichtet. Am 26. Februar 1910 stellte er gemeinsam mit Hermann Diels einen Antrag an den Minister, in dem die Akademie ein weiteres Urlaubsjahr für den Gymnasialprofessor Pomtow zwecks Delphischer Reise befürwortete.[183] Über diese dritte Reise in den Monaten September bis November 1910 hat dieser wiederum in der Berliner Philologischen Wochenschrift berichtet.[184]

Dieses Mal hatte sich der Umfang der Expedition bedeutend vergrößert. Es war Pomtow gelungen, Heinrich Bulle (1867–1945), Professor für Klassische Archäologie an der Universität Würzburg und ein hervorragender Kenner der griechischen Plastik, als Teilnehmer zu gewinnen, der dafür von der Bayerischen Akademie der Wissenschaften gefördert wurde.[185] Hinzu kamen der Epigraphiker Dr. Edmund Rüsch,[186] der Regierungsbauführer H.U.Wenzel, I.A. Zippelius und der Regierungsbauführer Candrian. Hervorgehoben wird auch die Anwesenheit des Ephoros Keramopulos und von Kontoleon (Abb. 13). Den Auf-

181 S. dazu VON UNGERN-STERNBERG, *Delos* (in diesem Bande, Teil II).

182 Archiv IG.

183 ABBAW, Akten PAW II–VIII, 340, Bl. 48/49.

184 *Berliner Philologische Wochenschrift* 1911/12, 1547 ff. = *Delphica* III, Leipzig 1911 (danach die Zitate).

185 Bulle und Pomtow hatten gemeinsam veröffentlicht: „Studien zu den Weihgeschenken und der Topographie von Delphi", *AM* 31, 1906, 437–559; „Studien zu den Weihgeschenken und der Topographie von Delphi. Die Nische der Könige von Argos (Anathem Nr. 6)", *Klio* 7, 1907, 395–446; Beiträge hatte Bulle auch geliefert zu: „Studien zu den Weihgeschenken und der Topographie von Delphi". III, *Klio* 8, 1908, 186–205; „Studien ..." IV, ebda., 302–337; „Studien ..." V, *Klio* 9, 1909, 153–193. 205.

186 Zu diesem unten bei Anm. 193.

wand begründet Pomtow einleitend: „Nur der konzentrierten Arbeit vieler Jahre und vieler Helfer kann die Umwandlung des delphischen Chaos in den Kosmos gelingen.“ (3–4).

Die große Zahl der Angereisten erregte einiges Aufsehen. Holleaux als Direktor der École Française äußerte sich dazu in zwei Briefen an Wilamowitz.[187] Im ersten vom 28. Oktober (1910) aus Paris spricht er die Vermutung an,

> „s'il ne s'agit pas d'une véritable ‚Expédition', placée sous la patronage de l'Académie de Bavière, ayant pour objet une publication générale et exhaustive des Fouilles de Delphes.“

Bulle, mit dem er sich sehr freundschaftlich in Athen unterhalten habe, habe ihm den privaten Charakter des Unternehmens versichert, das auf ihn zurückgehe. Hinsichtlich Pomtows aber habe er Bedenken, wie auch Homolle und andere Mitglieder der Delphikommission in Paris, die von Bourguet „des lettres un peu alarmantes“ erhielten.

Schon am 2. November – die Schnelligkeit der damaligen Postverbindungen zwischen Paris und Berlin ist bemerkenswert – bedankte er sich für die beruhigenden Versicherungen von Wilamowitz.

> „Rien ne me permet de croire que la situation doive, à Delphes, devenir plus aiguë. Je pense que M. Bulle – de qui je n'ai eu qu'à me louer absolument – est déjà parti; il reste en présence Bourguet et Pomtow. Je doute que leurs rapports soient cordiaux, mais je n'ai aucune raison de penser qu'ils soient hostiles.“

Holleaux schloss mit der Bemerkung: „En résumé, tout se ramène, à mon avis, à un malentendu provoqué par la manque de tact de M. Pomtow.“[188]

Liest man die gleichzeitigen Veröffentlichungen von Bourguet und Pomtow, so finden wir wechselseitige Kritik, aber auch Anerkennung.[189] Im Falle des Schatzhauses von Korinth war Bourguet zwar gegen die Identifizierung von

187 GÖ NL Wilamowitz. Sie sind dort vor 1907 eingeordnet und ohne Jahresangaben, beziehen sich aber klar auf die Vorgänge von 1910.

188 In einem Brief an Homolle vom 18. Februar (wohl 1911) spricht Holleaux von „le long, trop long séjour de Pomtow“: BIF NL Homolle, Ms. 3889. Hier wird dies freilich instrumentalisiert, um Homolle zu schnellerer Publikation anzutreiben: „Continuez, je vous en prie, en France, à faire de généreux et heureux effort pour vous garder quelques sympathies helléniques. Nous en avons grand besoin.“

189 Bourguet, „La base des rois d'Argos à Delphes“, *BCH* 34, 1910, 222–230 (im Ton sehr freundlich); „Inscription de Delphes“, ibid., 231–232; „Inscriptions de Delphes“, *BCH* 35, 1911, 149–176; „Monuments et inscriptions de Delphes“, ibid., 456–491.

Pomtow und Karo, erwähnt aber ohne Polemik dessen Nachgrabung.[190] Heftiger dagegen gerieten Pomtow und Fernand Courby aneinander.[191]

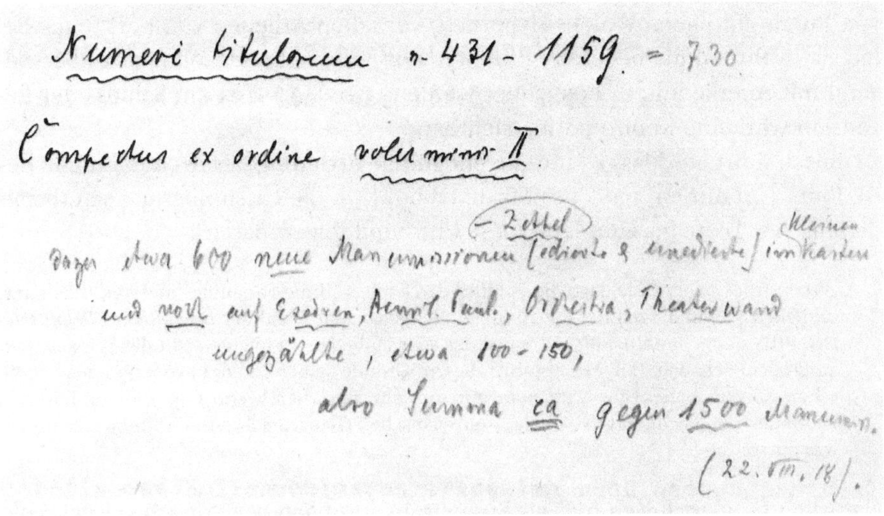

Abb. 14 Anmerkung Pomtows (vom 22. August 1918) in seinem Manuskript von IG VIII. Archiv IG.

XXV

Zum Eklat kam es aber im Jahr 1913. Der Anlass war eine kritische Rezension der Berliner Dissertation von Tadaeusz Bronislaw Walek über die delphische Amphiktyonie[192] durch Edmund Rüsch in den Göttingischen gelehrten Anzeigen.[193]

Rüsch war Pomtow sehr verpflichtet, weil dieser die Überarbeitung seiner Dissertation zur Grammatik der delphischen Inschriften mit seinen Ratschlä-

190 „Monuments et inscriptions de Delphes, VIII. Le trésor de Corinthe“, *BCH* 36, 1912, 642–660, hier. 642 f.

191 Pomtow, *Berliner Philologische Wochenschrift* 1909, 315–320. 348–352 (wo er auch von seiner Nachgrabung berichtet); Pomtow, „Die alte Tholos und das Schatzhaus der Sikyonier in Delphi“, *Ztschr. der Architektur* 3, 1910, 96–143. 153–192; Fernand Courby, „Le Tholos du Trésor de Sicyon à Delphes“, *BCH* 35, 1911, 132–148; Pomtow, „Die beiden Tholoi zu Delphi“, *Ztschr. der Architektur* 4, 1911, 171–198. (Das Separatum des Aufsatzes von Courby in Berlin trägt das Datum 24.8.1910 und wurde nach einer Notiz Pomtows ihm am 17. Oktober in Delphi von Kontoleon überreicht.)

192 Walek, *Die delphische Amphiktyonie in der Zeit der aetolischen Herrschaft*, Diss. Berlin 1911.

193 Rüsch, *GGA* 1913, 125–142. Zur Vorgeschichte dieser Rezension siehe unten Anm. 212.

gen sehr gefördert und ihn zudem an seiner dritten Reise nach Delphi als Mitarbeiter beteiligt hatte.[194] Auch die Rezension lässt allenthalben die enge Verbundenheit erkennen und spricht von „Pomtows Schulung“ (141).[195] Die Kritik von Rüsch gilt neben Waleks Hypothese vor allem Arbeiten von Karl Julius Beloch,[196] während die neueren Editionen von Bourguet und Colin ganz überwiegend mit Anerkennung verzeichnet werden (130 u. ö.). Erst am Schluss der Rezension wird eine Konfrontation sichtbar.

Rüsch führt aus, dass es „für die endgültige Fixierung der Archontentafel des III. Jhdts. [...] nur ein radikales Mittel (gebe) [...], die Facsimilierung sämtlicher delphischer Texte bis zum Jahr 201 v. Chr.“ und folgert daraus:

> „Wenn trotz solcher Sachlage die Fouilles de Delphes III die Facsimiles und Maiuskeln ausschließen [...] und auch der auf Homolle übergegangene Band der *Inscriptiones Delphorum* (IG. VIII) sie nicht enthalten soll, so ist das sehr zu bedauern und gereicht der Wissenschaft zu großem Schaden. Daß Pomtow aus diesem Grunde seiner Zeit die Redaktion des delphischen Corpus niederlegte, wird man um so mehr verstehen, wenn man die vorbildlichen Facsimiles vergleicht, mit denen die österreichischen Gelehrten ihre Inschriftenwerke durchweg ausstatten [...]“ (141–142).

Natürlich fungiert Rüsch hier als Sprachrohr des nach wie vor schwer gekränkten Pomtow selbst, womit er gleichzeitig zum wesentlich längeren und völlig ungewöhnlichen Teil der Rezension überleitet, den Pomtow verfasst hat (143–188). Dieser beginnt: „Auf Wunsch des Referenten füge ich einige Bemerkungen zu der Tabelle S. 132 und eine neue Archontentafel S. 145 bei“ (143), bringt dann aber vor allem eine ganze Reihe von bisher unedierten Inschriften, ohne sich irgendwie zur Problematik einer solchen Veröffentlichung zu äußern.

Allerdings verweist er durch die Angabe der Funddaten immer wieder auf die Verzögerung der Publikation. Besonders klar im Falle des Archiasdekrets auf der attischen Polygonmauer: „Diese war vor fast 20 Jahren ausgegraben und darum befremdet es, daß Bourguet erst 1911 durch Colin von der Existenz des Textes erfuhr, der bei rechtzeitiger Bekanntgabe die Wissenschaft vor langen Umwegen bewahrt hätte“ (148).

Unter der Überschrift „Neue Amphiktyonendekrete“ bemerkt er nur lapidar: „Damit für die Fachgenossen das Hauptmaterial über die Amphiktyonie hier vereinigt und der derzeitige Stand dieser Fragen erkennbar sei, sollen hier die

194 Rüsch, *Grammatik der delphischen Inschriften*, Bd. I, Berlin 1914; das Buch ist Pomtow „in Dankbarkeit und Verehrung gewidmet“; vgl. *GGA* 1913, 136.

195 Erwähnt werden „die Abklatsche von mehr als 3000 Inschriften in Pomtows Archiv“ (136).

196 Insbesondere Beloch, „Die delphische Amphiktionie im III. Jahrhundert“, *Klio* 2, 1902, 205–226.

unedierten Amphiktyonentexte des III. Jhdts. beigefügt werden, soweit sie mir im Augenblick bekannt sind [...]" (167).

Ohne eigentliche Ankündigung und schon vom Ort und dem Anlass her in einer nachgerade skurrilen Weise war damit der Rubikon überschritten.

Jedenfalls hat Bourguet das so gesehen, dessen ohnehin bereits bestehender Verdacht, beraubt zu werden, sich jetzt bestätigt fühlen konnte.[197] Seine Reaktion ist eine einzige Invektive gegen Pomtow, die zunächst bis auf die von Salomon Reinach im Jahr 1889 zurückgreift (413 Anm. 1).[198] Einleitend wird ihm noch eine gewisse Kompetenz als Epigraphiker zugebilligt, solange er sich mit den vor 1892 gefundenen Inschriften beschäftigte, wobei ihm freilich auch da schon schwere Irrtümer und ein anmaßender Ton bescheinigt werden (413–414; 421–422).

> „Mais depuis que M. Pomtow s'est sérieusement cru investi d'une mission spéciale pour publier les fouilles que les Français avaient faites, les anciens défauts n'ont pas été corrigés et d'autres plus graves ont apparu. C'était toujours la même incapacité de se décider et toujours la même témérité dans l'affirmation, au risque de se contredire d'un ton aussi tranchant; c'était aussi toujours le même manque d'idées générales, la même sécheresse abstraite qui ne traitait pas l'objet de ses études comme un sanctuaire qui eût réellement existé, mais comme une collection – incomplète – de documents morts. De plus, il fallait bien avouer que l'épigraphiste, avec le temps, avait étendu son domaine; il était devenu aussi un architecte, presque sans préparation, et un esthéticien de gout douteux [...]" (414).

Bourguet lässt also an Pomtow als Wissenschaftler kein gutes Haar und führt das anschließend in immer neuen Anläufen aus. Gewiss konnte man diesem seine heftige Polemik und scharfen Urteile vorwerfen, auch war in der Tat eine zunehmende Beschleunigung in seinen Publikationen festzustellen, in denen Selbstkorrekturen und Ergänzungen zunahmen. Pomtow hat aber durchaus immer wieder auch die französischen Leistungen anerkannt, und gänzlich vergessen hatte Bourguet offenbar die längere Phase einer guten Zusammenarbeit, insbesondere bei der delphischen Chronologie in RE IV (oben Anm. 41). Zuvor hatten er und andere französischen Kollegen ohne irgendwelche Reserven zu Pomtows Arbeiten zustimmend oder auch kritisch Stellung genommen, wie es wissenschaftliche Arbeit mit sich bringt. Jetzt aber erwähnte Bourguet natürlich auch nicht, dass Pomtow in einem ganz entscheidenden Punkt für die Topographie von Delphi, nämlich in der richtigen Benennung des Schatzhauses

197 Bourguet, „Les inscriptions de Delphes et M. Pomtow", *RA* 23, 1914, 413–424.

198 Oben Anm. 19. A. J. Reinach, „Delphes et les Bastarnes", *BCH* 34, 1910, 249–330 zitiert übrigens Pomtow mehrfach durchaus zustimmend (252 Anm. 1; 307–309).

von Siphnos gegenüber der Knidos-Hypothese von Homolle, Recht behalten hatte[199].

Der springende Punkt war indes die Publikation unedierter Inschriften durch Pomtow. Zunächst räumt Bourguet ein, dass (nach 1903) die französischen Epigraphiker jahrelang daran gehindert waren, die Inschriften zu veröffentlichen, so dass der Eindruck entstehen konnte, das Grabungsfeld sei aufgegeben worden (414–415). Ersichtlich wird auch der Grund dafür: dass Homolle (auch wenn sein Name nicht genannt wird) die Unterlagen an sich genommen hatte (414 Anm. 2). Das habe sich indes mit der Einsetzung einer Kommission im Dezember 1908 grundlegend geändert, die das unterbrochene Werk wieder aufnehmen sollte. Die zuständigen Griechen hätten anerkannt, dass Frankreich in Delphi unbestreitbare Vorrechte habe.

> „M. Pomtow n'a pu étudier les résultats de nos fouilles, il n'a pu se faire donner la copie du registre d'inventaire, tenu au cours des travaux par l'éphorie grecque, explorer à son tour des régions où il espérait trouver quelque chose, qu'avec l'agrément et l'assentiment de l'École française" (415).

Das ist, wie das Verhalten der griechischen Ephorie während Pomtows Forschungsaufenthalten in Delphi zeigt, schlicht falsch. Zudem war ihm aber auch französischerseits im Jahre 1905 die Freiheit zu weiteren Forschungen in Delphi ausdrücklich zugesichert worden. Davon mag Bourguet freilich nichts gewusst haben. Bekannt war ihm aber die Existenz von Pomtows Manuskript und auch die Vereinbarung von 1899 über die gemeinsame Publikation der Inschriften.

Auf diese Problematik kommt er aber nur indirekt zu sprechen, indem er seine Sicht einer zweckmäßigen Vorgehensweise darstellt. Colin und er hätten im Jahr 1909 es übernommen, die Inschriften in topographischer Ordnung zu veröffentlichen. Dies aber sei bei weitem die einfachste und beste Art gewesen, um den Band VIII der *Inscriptiones Graecae* vorzubereiten, indem die nach einem ganz äußerlichen Kriterium vorgelegten Texte anschließend nach den (in den IG) allgemein üblichen Sachgruppen angeordnet werden könnten. Da könnte man dann auch die früher gefundenen Inschriften einfügen „et le jour où le dernier fascicule de notre publication eût paru, le volume VIII du *Corpus* se serait trouvé fait" (416).

---

199 Zur Geschichte der Auseinandersetzung s. POMTOW, *Delphische Studien*, Berlin 1912, 37 ff. Der 39 Anm. 1 erwähnte Brief von Paul Wolters an Homolle befindet sich als Fragment – beschriftet „Wolters 1898" – in BIF NL Homolle, Ms. 3824. Inzwischen wird das anerkannt: Georges DAUX – Erik HANSEN, *FD* II 2: *Le trésor de Siphnos*, Paris 1987, 21: „C'est l'Allemand Hans Pomtow qui jeta le premier, officiellement, le doute: dès 1906, pour en revenir à la charge en 1909." Pomtow hatte freilich schon früher seine Zweifel angemeldet.

Diese Darstellung ist einigermaßen erstaunlich. Bourguet konnte sich sicher genau der Einwände erinnern, die er selbst gegen die topographische Ordnung der Edition (vergeblich) erhoben hatte. Er selbst hätte eine Vorgehensweise nach den Gattungen der Inschriften vorgezogen, da ihm klar war, dass sich die topographischen Editionen sehr lange hinziehen würden, wie es die Folgezeit auch bestätigt hat, weshalb auch die Fertigstellung von IG VIII außerhalb jeder erwartbaren Reichweite war. Wenn er sogar versucht, Pomtow die Schuld an dem langsamen Tempo der Arbeiten zuzuschieben: „les incursions de M. Pomtow valaient de nous embarrasser et de nous retarder dans l'exécution qui pouvait être rapide [...] du plan le plus simple ", so ist das schon grotesk.

Bourguet war mit der Behandlung durch Homolle (jedenfalls bis 1908) und mit der ihm aufoktroyierten Anlage der Publikation der delphischen Inschriften unzufrieden. Dies überspielt er aber hier wegen des Ärgers, den er gegenüber der unliebsamen Konkurrenz von Pomtow empfand. Für dessen Gefühle angesichts der entschwundenen Publikation von IG VIII hatte er kein Verständnis. Man würde gerne wissen, mit welchen Gefühlen Bourguet wie Pomtow zugesehen haben, wie tatkräftig gleichzeitig durch die gute französisch-deutsche Zusammenarbeit das Corpus der Inschriften von Delos im Rahmen der IG gefördert worden ist.

XXVI

In dieser Situation eines schon vollzogenen Bruches kam es von unerwarteter Seite zu einem Ausgleichsversuch. Im Rahmen seines jährlichen Berichtes vor der Berliner Akademie über die Sammlung der griechischen Inschriften war Wilamowitz am 29. Januar 1914 auch auf die „nahe Arbeitsgemeinschaft mit der Pariser *Académie des inscriptions*" eingegangen.[200] Er bemerkt:

> „Schon 1899 trat diese mit dem Wunsche an uns heran, die Inschriften von Delphi und Delos im Rahmen unserer Sammlung herauszugeben, worauf wir mit Freuden eingingen. Daß die glücklichen Finder das Vorrecht auf die Verarbeitung ihrer Schätze hätten, war ja selbstverständlich. Die delphischen Inschriften erscheinen allerdings zunächst in dem großen Gesamtwerk der *Fouilles de Delphes*" (5)

Schon diese kurze Darstellung mag dadurch veranlasst gewesen sein, dass Wilamowitz durch Bourguet über die wachsenden Spannungen zwischen ihm und

200 Wilamowitz, „Sammlung der griechischen Inschriften", in: *SB Ak. Berlin* 1914, 106–114 (= *Kleine Schriften* V, Berlin 1937, 402–411), Sitzung vom 29. Januar 1914.

Pomtow informiert worden war,[201] vielleicht auch durch Pomtows Veröffentlichung in den *Göttingischen gelehrten Anzeigen*. Gewiss trifft das aber auf die Anmerkung zu, die Wilamowitz hier einfügte:

> „Die Bearbeitung der delphischen Inschriften hatte vorher bereits Hr. Hans Pomtow energisch in Angriff genommen. Die widerstreitenden Interessen sind in der Art ausgeglichen, dass Hr. Pomtow die bis zum Beginn der französischen Ausgrabungen bekannten Texte bearbeiten sollte. Sein umfangreiches und äußerst sorgfältig gearbeitetes Manuskript ward 1905 der Pariser Akademie übergeben." (5 Anm. 2)

Diese Anmerkung hat Bernard Haussoullier gelesen und reagierte darauf in einem Brief an Hiller von Gaertringen vom 21. März 1914 sehr überrascht:

> „J'ignorais complètement pour ma part les deux faits rapportés dans la note 2 de la page 5: 1. L'arrangement avec Pomtow – 2. La remise en 1905 à l'Académie de Paris d'un manuscrit de Pomtow. Ce manuscrit est actuellement entre les mains de Bourguet, et non seulement je ne l'ai jamais vu, mais je n'en avais jamais entendu parler!"[202]

Er bemerkte dann, dass Pomtow sich an dieses Arrangement wohl nicht gehalten habe, als er so viele wertvolle Texte in den *GGA* 1913 veröffentlichte, fügte aber hinzu, es sei nicht an ihm, diese nutzlose Debatte wieder zu eröffnen.

Haussoullier hat nach der Auseinandersetzung im Jahr 1889 (oben Anm. 20) mit Pomtow kaum etwas zu tun gehabt, wusste aber von den Querelen.[203] Er selbst stand insbesondere mit Theodor Wiegand in guter Beziehung und hat im Mai 1914 seine Mitarbeit bei der Edition der Inschriften von Didyma zugesagt.[204]

Hiller hat daraufhin Haussoullier wohl in ähnlichem Sinne über die Vorgeschichte aufgeklärt wie zuvor Holleaux (oben Anm. 182) und offenbar auch mit Pomtow gesprochen. Haussoullier reagierte darauf am 28. März 1914. Er habe nichts gegen Pomtow, die alten Geschichten seien längst vergessen. Da nun sie beide (Hiller und Pomtow) ihm anböten, eine Beziehung anzuknüpfen, ergreife er gerne die Gelegenheit, im Interesse der Wissenschaft, des zukünftigen IG VIII, an dem Pomtow sicher beteiligt sein werde, aber auch der Franzosen, die gegenwärtig in Delphi oder über delphische Inschriften arbeiteten.

---

201 Brief Bourguets vom 23. Dezember 1913.

202 Zum Manuskript s. Anm. 170.

203 Brief an Hiller vom 10. Juli 1912: „Merci aussi pur ce que vous me dites d'Aristonoos et de Pomtow (à qui conviendrait si peu le nom du poéte grec!)." Es ging um den in einer delphischen Inschrift bezeugten Päan des Aristonoos von Korinth (FD III 2, 191), zu dem sich Pomtow, *Berliner Philologische Wochenschrift* 1912, 1394–1397 geäußert hatte.

204 von Ungern-Sternberg, *Delos* (in diesem Bande, Teil II).

„Ne pensez-vous pas que bien des malentendus, des froissements peuvent être évités par le simple fait d'une correspondance loyale et nette, comme celle que nous entretenons depuis nombre d'années? Donc j'accepte volontiers votre proposition, donc je vous en remercie et je suis tout disposé à entrer en relation avec M. P."

Die von Hiller angebotene Vermittlung hielt Haussoullier für unnötig. „Qu'avons nous à redouter, M. P. et moi, d'une correspondance directe? N'est-il pas plus loyal et plus simple de nous aborder l'un et l'autre?" Bei einem Aufenthalt in Berlin werde er ihn gerne persönlich treffen. Er werde in ihm nur den großen Bearbeiter Delphis mit einer anerkannten Kompetenz für die delphische Epigraphik antreffen.

In einem weiteren Brief vom 4. Mai an Hiller wünschte sich Haussoullier, dass die beiden Akademien die Vorbereitung von IG VIII bereits ins Auge fassen könnten. Zwei Kommissionen mit so hervorragenden Männern wie Foucart und Wilamowitz an ihrer Spitze würden die Wege schon ebnen. Er könne nur eine Vermittlerrolle zu Pomtow übernehmen.

Dann äußerte er sich zu der konkreten Frage einer Inschriftenveröffentlichung. Wenn Pomtow oder Klaffenbach die Widmung der Techniten zu Ehren von Publius Cornelius Lentulus veröffentlichten, „ce n'est évidemment pas un crime, surtout si la découverte de la base remonte à trois ou quatre olympiades.[205] Mais c'est le *modus* qui importe, c'est le *suaviter in modo* ..."

Haussoulliers berührender Versuch, eine Verständigung herbeizuführen, hatte leider wenig Erfolg. Wilamowitz, den Hiller sogleich unterrichtet hat, reagierte sehr zurückhaltend:[206]

„W(ilamowitz) meint, dass wir, die Akademie und ihre Vertreter und die einzelnen Personen, und alle Franzosen schön miteinander arbeiten könnten; aber wenn Pw (Pomtow) zugezogen wird, wird er nicht nur fortwährend die Franzosen in Rage bringen, sondern auch unsere Beziehungen verderben. Wil hat mit Mühe, Geld und Aerger den Pw abgefunden, dass er nicht mehr den Franzosen durch uns hineinreden könnte, damit unsere Beziehungen gesichert wären; und glaubt noch immer, das war das Richtige.

Wenn Hauss(oullier) übers Jahr herkommt, wird das Gelegenheit geben es zu besprechen und zu sehen wie es geht.

Wil hat keine Neigung, dass wir mit Pw verhandeln. Wenn die Franzosen ihn so stellen, dass er von ihnen abhängig ist und mit uns in keiner Beziehung stände und sie ihn jeder Zeit hinauswerfen könnten, dann geht es.

205 Pomtow hat die Inschrift als SIG^3 704B veröffentlicht. Klaffenbach behandelte die genannte Inschrift in seiner Dissertation *Symbolae ad historiam collegiorum artificum Bacchiorum*, Berlin 1914, S. 35.

206 Aktennotiz (wohl von Hiller) für die Berliner Akademie am 6. Mai 1914.

> Wil liegt daran, dass unsere Akademie und wir, die einzelnen Vertreter, miteinander in Freundschaft leben und der Welt das Beispiel geben. Das ist wichtiger, als dass Delphi bequem publiziert wird.
>
> Wenn Pw ihr Beauftragter ist, muss er alles an die Franzosen richten, und die redigieren es."

Wilamowitz war also gewillt, alles dem Erhalt der guten deutsch-französischen Beziehungen unterzuordnen. Das war ihm sichtlich eine Herzenssache. Dafür nahm er, wie seine kommentarlose Bemerkung im Sitzungsbericht beweist, stillschweigend das Opfer in Kauf, dass die Veröffentlichung der Inschriften in den Fouilles de Delphes das Zustandekommen des vertraglich vereinbarten Bandes IG VIII auf unabsehbare Zeiten hinausschob. Pomtow war dabei für ihn nur ein lästiger Störenfried, dessen Person ihn nicht interessierte und den er von sich fernhalten wollte.[207] Er beurteilte die Lage aber insofern richtig, als eine gütliche Einigung von den Hauptbeteiligten nicht gewünscht wurde. Haussoullier musste am 26. Juni 1914 Hiller mitteilen:

> „Ma correspondance avec Pomtow a tourné court et je n'ai même pas reçu son dernier article où il a publié des textes de Delphes. C'est d'ailleurs un sujet que nous reprendrons quelque jour, par lettre ou dans un entretien."

Für Pomtow war mit *GGA* 1913 ein Damm gebrochen. Er hat seine Veröffentlichungen von delphischen Inschriften sogleich in der *Klio* 1914 unter dem programmatischen Titel „Delphische Neufunde" fortgesetzt.[208] Ohne weitere Erklärungen für seine Handlungsweise, außer gelegentlichen Bemerkungen über die lange Verzögerung einer französischen Veröffentlichung. Die Invektive von Bourguet in der Revue archéologique konnte er zu diesem Zeitpunkt noch nicht kennen, er ist aber auch später nicht auf sie eingegangen.

Bourguet seinerseits hat seinen kritischen Aufsatz Wilamowitz zugesandt.[209] Am 6. Juli 1914 schrieb er an Hiller, der ihm offenbar mit Bemerkungen zur „entsagungsvollen" Arbeit am Corpus Ausgleichsvorschläge mit Pomtow gemacht hatte und eine Untersuchung in Aussicht gestellt hatte.[210] Die Arbeit sei in der Tat „entsagungsvoll"[211], seit 22 Jahren sammle er das Material für Bd. VIII, um es angemessen zu publizieren.

> „Mais, aux difficultés antérieures, s'ajoute maintenant l'écœurement de voir échapper les textes que j'ai étudiés. Il m'est devenu à peu près impossible de continuer mon travail, si le

207 Vgl. das Urteil von Wilamowitz in seinem Brief an Bourguet vom 6. Juli 1914 (bei Anm. 225).
208 Klio 14, 1915, 265–320 (270 Anm. 5 dankt er Klaffenbach).
209 Ein Exemplar mit einsprechender Widmung befindet sich IB.
210 Archiv IG. Schon die schlichte Anrede „Monsieur" lässt die Distanz von Bourguet erkennen.
211 Deutsch im französischen Text.

terrain n'est pas déblayé (je parle par figure) et si les conditions mêmes de ce travail ne sont pas plus nettement établies. Il est (sic) certaines ‚collaborations' que je n'accepterai jamais, et je persiste à penser que les déprédations et les calomnies, attestées les unes et les autres par les faits, ne sont pas des détails négligeables."

Die Entwendung von mehreren hundert Inschriften habe er den griechischen Zuständigen wie Karo gemeldet „dès le moment où j'ai eu la preuve de cet odieux sans-gêne." Wegen der *GGA* versuche Pomtow jetzt, sich herauszureden. „J'estime donc qu'il ne saurait être question d'erreur, et je demande à être entendu lors de l'enquête impartiale dont vous me parlez."

Auf diese klare Absage an jeden Verständigungsversuch antwortete Hiller bereits am 8. Juli 1914 zurückhaltend:[212]

„Die Entscheidung über die Frage, ob in dem Verhalten von Herrn P. eine sträfliche Nachlässigkeit oder etwa gar ein *dolus malus* erkannt werden darf, steht mir nicht zu, und ich muss es ihm – so sehr es mir im Interesse des ganzen Gelehrtenstandes erwünscht ist, dass ihm die Verteidigung gelingt – selbst überlassen, ob und wie er sich rechtfertigt."

212 Archiv IG. Angesichts dieser Zurückhaltung ist es interessant, die Vorgeschichte der Rezension darzustellen, wie sie sich aus dem Briefwechsel zwischen Hiller von Gaertringen und Pomtow ergibt. Es war Hiller selbst, der den zögernden Pomtow zur Besprechung der Arbeit von Walek aufforderte. Am 24. Oktober 1912 schrieb Pomtow: „Walek, delph. Amph. ist mir ganz unbekannt ..., bin aber mit Freude bereit, Ihnen persönlich zu sagen, was an der Sache ist und eventuell schriftlich etwas zu specifizieren, sobald ich das Buch erhalten haben werde." Bald darauf beschloss Pomtow, die Rezension mit Rüsch zu teilen. Anfang November muss Hiller ihm dann geschrieben haben, was er sich von der Rezension erwarte, denn am 5. November antwortete Pomtow: „Vielen Dank für Brief, aber die ‚Datierung der delph. Archonten III Jhds' ist zur Zeit unerfüllbar, – Das ist das schwerste delphische Problem, das es überhaupt noch gibt, und Bourguet sagte mir 1910 unaufgefordert und halb verzweifelt, „sur les archontes du IIIe siècle je ne sais absolument rien"! Und B. weiss von den neuen Inschriften mehr wie ich und ist ein sehr scharfsinniger Mensch, körperlich und geistig. Sie kann nur ganz allmählich ... Schritt für Schritt gewonnen werden. ... Aber irgend sicheres lässt sich erst versuchen, wenn alle Texte jener Zeit edirt sind. Darnach müssen wir mit allen Kräften streben".
Auch als die Rezension wegen des zu großen Umfangs – sie hat sich in gemeinsamer siebenwöchiger Arbeit mit Rüsch „ja nun ausgewachsen zu dem Aufbau einer vollständigen, neuen Archontentafel des III Jhdts, die unverkürzt gegeben wird" – von einer anderen Zeitschrift abgelehnt wurde, hat Hiller dafür gesorgt, dass sie bei den Göttinger gelehrten Anzeigen angenommen und bereits im Januar 1913 zum Druck gegeben wurde.
Hiller wusste also von der Rezension als Vehikel für die editio princeps zahlreicher delphischer Inschriften, aber abgesehen davon, dass der Freiherr mit großzügiger Noblesse über manche Dinge hinwegging, brauchte er die Archontenliste für seine Neubearbeitung der Dittenbergerschen Sylloge, die er im Jahre 1911 übernommen hatte. Ohne sie und die neuen Texte aus Delphi war der hohe Anspruch der SIG³ nicht zu halten.

Dann aber akzeptierte er Bourguets Verweigerungshaltung:

> „Für Ihr eigenes Verhalten Herrn P. gegenüber kann ich je mehr ich es mir überlege, nur desto mehr Verständnis haben, so sehr ich auch vom rein wissenschaftlichen Standpunkte aus bedauere, dass sich keine andere Lösung finden liess.
>
> Jedenfalls wünsche ich Ihnen, dass Sie, nachdem dieser Schnitt gemacht ist, mit ungestörter Frische und Freudigkeit das grosse Werk zum Ziele führen, für das Sie nirgends eine dankbarere Aufnahme finden werden als bei Ihren hiesigen Fachgenossen."

Am 12. Juli 1914 schrieb Bourguet an Wilamowitz. Er dankte für dessen Brief und den Hillers und verteidigte seinen Artikel. Er habe IG VIII als Endziel durchaus im Auge, sei aber als Dozent sehr belastet. Collignon als Präsident der Kommission für Delphi sei von ihm über die Reaktion von Wilamowitz auf seinen Protestartikel und seinen Plan zur Beschleunigung der Edition informiert worden. Nochmals beklagte er sich über den Raub der von ihm vorbereiteten Texte und verband damit heftige Angriffe auf Pomtow.

XXVII

Der Graben war somit schon vor Ausbruch des Ersten Weltkriegs nicht mehr überbrückbar. Mit ihm hätten ohnehin alle Versuche geendet. So bleibt auch offen, wie Hiller sich eine allfällige Untersuchung zu Pomtows Verhalten gedacht hat.

Die schlagartig veränderte Atmosphäre wird an Holleaux besonders deutlich. Er stand seit langem in freundschaftlichem Kontakt zu deutschen Kollegen, insbesondere zu Hiller. Mit Pomtow führte er seit 1894 eine zeitweise lebhafte Korrespondenz (oben bei Anm. 35). Trotz seiner kritischen Wahrnehmung, als Direktor der École française, von dessen Auftritten in Delphi (oben Anm. 187)[213] erwähnte er in einem Brief an Hiller vom 19. November 1913 die Hinweise, die ihm Pomtow „très obligeamment et libéralement" gegeben habe, und dankte ihm auch in einem Aufsatz in der *Klio*.[214]

---

213 Pouilloux, „L'epigraphie" (Anm. 168), 19 erwähnt andererseits „efforts de conciliation entrepris par Maurice Holleaux lors de sa direction de l'École française." Falls da keine Verwechslung mit Haussoullier vorliegt, sind diese Vermittlungsversuche bisher nicht dokumentiert.

214 „Études d'histoire hellénistique. Remarques sur les décrets des villes de Crète relatifs à l'asylia de Téos", Klio 13, 1913, 138 Anm. 2: „Pomtow avait l'obligeance de m'informer". Pomtow dankte seinerseits Holleaux: „Die Kultstätten der ‚anderen Götter' von Delphi", *Philologus* 71, 1912, 49.

Nun schon im Kriege, versuchte er mit einem Brief vom 22. September 1914 an Georg Karo, damals immer noch Direktor des Deutschen Archäologischen Instituts in Athen, wenigstens zu einem deutschen Freund die Verbindung über die Gräben hinweg herzustellen.[215] Er sandte ihm ein Werk von Anatole France über die Zerstörung der Kathedrale von Reims zu[216] und bemerkte dazu ironisch: „On n'a rien fait de mieux depuis les temps de Ghenghis-Khan et de Timour-Lein. Pomtow et les Pomtowiens, et tous ceux – nombreux, je le crains –, qui en Allemagne ont la même hauteur d'esprit, se réjouiront d'un si bel exploit."

Indem hier Pomtow zum Inbegriff des (schlechten) Deutschen gemacht wird, wird seine Person in jedem Fall ganz unangemessen (negativ) überhöht. Holleaux brauchte einfach eine Figur, die beide kannten, und die er somit Karo sinnfällig gegenüberstellen und zugleich emblematisch als Repräsentanten des Deutschen verwenden konnte. Noch in der nachwirkenden Erbitterung des Krieges hat er seinen Angriff auf Pomtow auf wissenschaftlicher Ebene wiederholt,[217] fand aber schließlich zu einer ruhigeren Haltung ihm gegenüber zurück,[218] für die ihm dessen Schüler Klaffenbach gedankt hat:

215 Zum Folgenden s. VON UNGERN-STERNBERG, „Vom Ende einer Freundschaft. Maurice Holleaux und Georg Karo im Herbst 1914", in: *Les chers ennemis* (Anm. 2), 203–245 (das Zitat 204).

216 La Révolte des Anges.

217 HOLLEAUX, „Un chef-d'œuvre du Prussien H. Pomtow", *REG* 33, 1920, XLIX–L; „Études d'histoire hellénistique. Le décret des Ioniens en l'honneur d'Eumènes II", *REG* 1924, 308 Anm. 1: „Le Dr H. Pomtow, qui se croirait perdu d'honneur s'il manquait une occasion d'être offensant pour des Français"; vgl. noch den (anonymen) Angriff: HOLLEAUX, „Fragment de Sénatus-consulte trouvé à Corfou", *BCH* 48, 1924, 381 Anm. 1, 390 Anm. 1.

218 HOLLEAUX, „Le consul M. Fulvius et le siège de Samé", *BCH* 54, 1930, 1–41 (bes. 3 Anm. 2 und 3; 4 Anm. 1 und 2). In einem Brief an Günther Klaffenbach vom 24. November 1931 bezieht er sich ohne weiteres auf eine mit ihm übereinstimmende Interpretation einer Passage bei Polybios auf Pomtow (*comme à Pomtow*): Archiv IG.

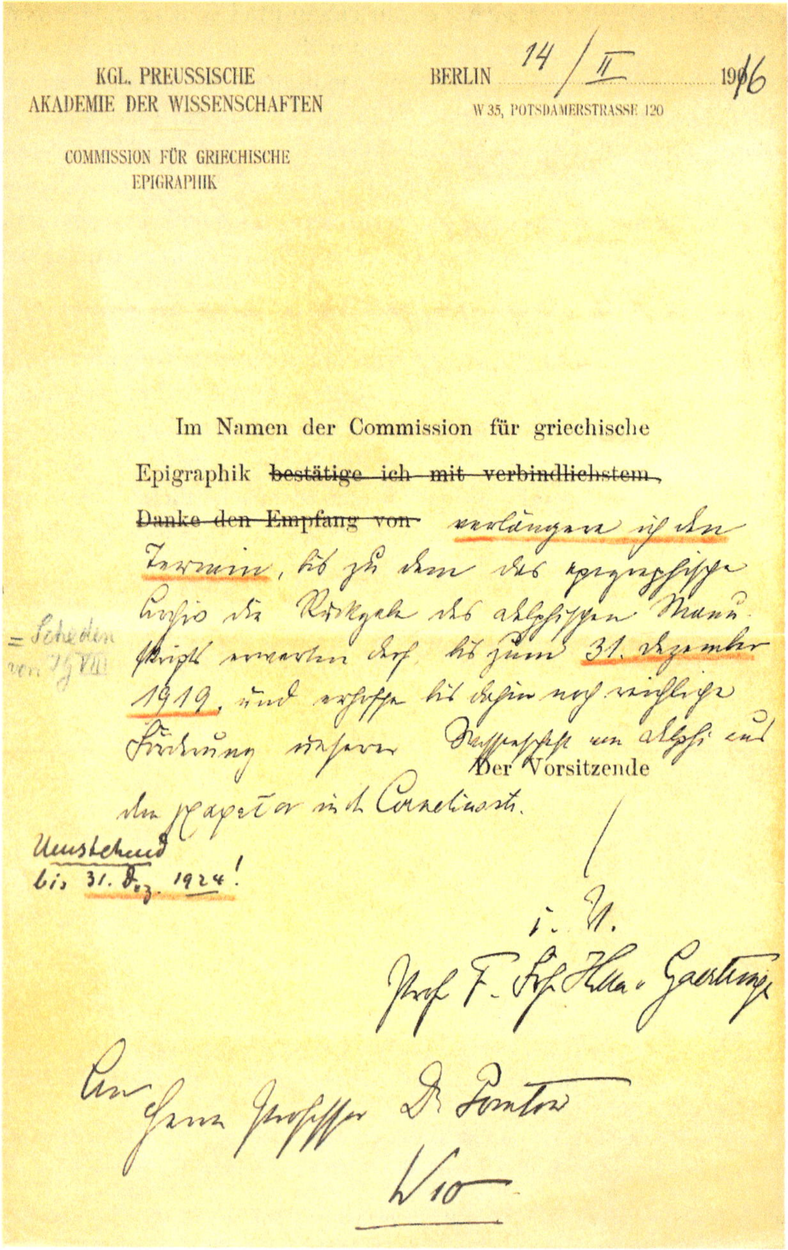

KGL. PREUSSISCHE
AKADEMIE DER WISSENSCHAFTEN

COMMISSION FÜR GRIECHISCHE
EPIGRAPHIK

BERLIN 14/II 1916
W 35, POTSDAMERSTRASSE 120

Im Namen der Commission für griechische Epigraphik ~~bestätige ich mit verbindlichstem Danke den Empfang von~~ verlängere ich den Termin, bis zu dem das epigraphische Archiv die Rückgabe des abgeschriebenen Manuskripts erwarten darf, bis zum 31. Dezember 1919, und erhoffe bis dahin noch wichtige Förderung unserer Wissenschaft von Delphi aus [illegible] Cornelius Tacitus.

= Scheden von IG VIII

Unverändert bis 31. Dez. 1924!

Der Vorsitzende
i. V.
Prof. F. Frh. Hiller v. Gaertringen

An Herrn Professor Dr. Pomtow
W 10

Abb. 15 Verlängerungen des Leihvertrages zwischen der Kommission für griechische Epigraphik (IG) und Pomtow über das Manuskript von IG VIII, Februar 1916. Archiv IG.

„Gerade für diese leidenschaftslose, ganz objektive Polemik auch Pomtow gegenüber weiß ich Ihnen besonderen Dank, der ich in jahrelanger enger Zusammenarbeit mit ihm wohl am besten seine Vorzüge und Fehler kenne!"[219]

Pomtow hat seine Editionen bisher unpublizierter delphischer Inschriften – immer unter dem Titel ‚Delphische Neufunde' – unbeirrt in den folgenden Jahren bis 1923 fortgesetzt und dies in einem Tempo, das eine sorgfältige Arbeit einfach nicht mehr zuließ. Offenbar hatte er angesichts seiner nicht sehr guten Gesundheit das Empfinden, dass die Zeit drängte.[220] Dabei verwies er immer wieder auf den langen Abstand seit der Auffindung der Texte. So etwa im Jahr 1918. Er spricht da von seiner „Bitterkeit [...], weil das ungeheuere Material auch jetzt, nach 22 Jahren, immer nur tropfenweise und mit großen Unterbrechungen den Mitforschern bekannt gemacht wird. So kann man nur sehr langsam, nicht in gerader Richtung, sondern in Spiralen der Wahrheit näher kommen und muß die Geduld der Leser auf manche Probe stellen."[221]

Noch in der letzten Folge 1923 bemerkt er einleitend: „Die Schiedsrichtertexte aus Delphi sind noch niemals gesammelt, auch wartet man seit 25 Jahren auf die Herausgabe wichtiger unedierter Stücke."[222]

Auf die erneute Polemik von Bourguet im Jahr 1918 (dazu unten) ging er nicht ein. Allerdings kam sie ihm auch sehr verspätet, wenn überhaupt noch, zur Kenntnis, da er im Jahr 1921 zu einem Textproblem bemerkt, es solle in Rev. Arch. 1918, 23 stehen, „die noch nicht nach Deutschland gelangt ist."[223]

Bei seinen Editionen dankte Pomtow seit 1914 immer wieder Günther Klaffenbach (1890–1972, Abb. 16) für seine hilfreiche Mitwirkung. Dieser war bereits am Friedrich-Wilhelm-Gymnasium in Berlin ein Schüler von Johannes Kirchner und Pomtow gewesen, die sein Interesse an der Epigraphik geweckt haben. Im Jahr 1914 wurde er mit der Arbeit ‚Symbolae ad historiam collegiorum artificum Bacchiorum' in Berlin promoviert, die er seinem Lehrer Wilamowitz gewidmet hat. 1929 wurde er als Nachfolger Hillers von Gaertringen bis zu seinem Tode Leiter der Inscriptiones Graecae.

219 Brief im Fonds Louis Robert der Académie.

220 *Klio* 15, 1918, 1–77 (1 Anm. 1 erwähnt die „nach Paris gesandten Scheden der IG VIII"). 303–338; *Klio* 16, 1920, 109–177; *Klio* 17, 1921, 153–203 (179: „damit diese vor c. 25 Jahren ausgegrabenen Texte endlich für die Wissenschaft benutzbar werden"); *Klio* 18, 1923, 259–308.

221 *Klio* 15, 1918, 40.

222 *Klio* 18, 1923, 259.

223 *Klio* 17, 1921, 201 Anm. 1.

Abb. 16 Günther Klaffenbach (1890–1972), Leiter der Inscriptiones Graecae von 1929–1972. Photo aus dem Album der Mitglieder der Berliner Graeca für Johannes Kirchner zum Goldenen Doktorjubiläum (1934). Archiv IG.

Gaben schon die fortgesetzten Editionen dem Ärger auf französischer Seite immer neue Nahrung, so wurde ein Höhepunkt bereits in den Jahren 1915 und 1917 erreicht, als die beiden ersten Bände der dritten Auflage der Sylloge Inscriptionum Graecarum (SIG) in Leipzig erschienen. Pomtow war (unter Mitarbeit von Klaffenbach) in diesem grundlegenden und prestigereichen Werk für Delphi zuständig und nutzte die Gelegenheit zur Veröffentlichung zahlreicher, von den Franzosen nicht edierter Inschriften. Hiller äußerte sich als Herausgeber in seinem kurzen Vorwort nicht dazu, wohl aber in seinem Brief an Bourguet vom 8. Juli 1914. Nachdem er, wie oben zitiert (bei Anm. 212), sein Urteil über das Verhalten Pomtows offengelassen hatte, fuhr er fort:

„Da mir aber, nicht weniger als dem Vorsitzenden unserer epigraphischen Kommission (Wilamowitz), an dem Verständnis und Vertrauen unserer französischen Fachgenossen, mit denen uns der gemeinsame Eros verbindet, gelegen ist, erwähne ich hier auch Ihnen gegenüber, was Herr Haussoullier seit geraumer Zeit von mir weiss und im übrigen auch sonst kein Geheimnis ist, dass ich Herrn P. vor 2 Jahren als Mitarbeiter an der dritten Auflage der Sylloge von Dittenberger angenommen habe, auf Empfehlung eines unbedingt zuverlässigen und vornehmen Gelehrten, Herrn Prof. Kirchner, unter der Bedingung, dass Inedita, deren Mitteilung verletzen könnte, vermieden und ebenso alle persönliche Polemik unterbleiben solle. Ich erwog seiner Zeit andere Möglichkeiten, hielt es aber nicht für richtig, einen Ihrer Herren darum zu bitten, die die weit wichtigere Aufgabe hatten, die grundlegenden Werke zu bearbeiten, und scheute auch davor zurück, mich an Herrn Nikitsky (oben Anm. 45) zu wenden, so sehr wir dessen Werke schätzen. Jetzt muss ich wenigstens versuchen, mit dieser angefangenen Sache zu Ende zu kommen; was nachher geschieht wird sich finden."

Diesen gewundenen Ausführungen ist die Verlegenheit anzumerken. Pomtow war Hiller als guter Kenner von Delphi wohlbekannt, es bedurfte nicht der Empfehlung von Kirchner, um ihn zur Mitarbeit an der SIG zu bitten. Außerdem hatte Hiller für die Situation des von IG VIII Ausgebooteten, wie wir wiederholt gesehen haben, einiges Verständnis. Es gab für ihn keinen Grund, Pomtow einem französischen Gelehrten oder Nikitsky hintanzustellen. Die Ermahnung wegen der Inedita war offenbar sehr schwammig formuliert. Aus zwei Briefen Pomtows an Hiller können wir entnehmen, dass beide die vorherige Veröffentlichung der Inschriften in der *Klio* als dafür hinreichend ansahen, sie dann als *edita* in der *SIG* zu behandeln; eine reichlich sophistische Argumentation.[224]

Auf das Erscheinen der dritten Auflage der *SIG* hat Bourguet mit einem neuen erbitterten Artikel reagiert.[225] Eingangs zitiert er den Brief Hillers vom 8. Juli 1914. Die Erklärung, er habe die französischen Gelehrten nicht von wichtigeren Aufgaben abhalten wollen, akzeptiert er nicht.

„En fait, depuis plusieurs années, notre tâche, qui aurait dû être vraiment considerée comme plus importante, était gênée et entravée à chaque instant. L'impunité assurée aux pillages les avait multipliés; nous devions nous arrêter sans cesse pour ce fastidieux supplément de travail qui consistait à corriger de lourdes bévues, des erreurs grossières. Il était aisé de prévoir ce qu'allait se permettre celui que l'on admettait à une part de l'héritage scientifique de Dittenberger" (209–210).

In diesem Ton geht es weiter. Bourguet sieht bei Pomtow Arroganz und Ignoranz in gleichem Maße am Werk, gepaart mit intellektueller Unredlichkeit gegenüber seinen Vorgängern, insbesondere natürlich Bourguet. An keiner einzigen Stelle kann er irgendein Verdienst Pomtows um die Erforschung der Inschrif-

224 Schreiben von Pomtow an Hiller vom 9. Februar 1915 und 15. Oktober 1916.

225 Bourguet, „Les inscriptions de Delphes dans la troisième édition de la *Sylloge inscriptionum Graecarum*", *RA* ser. V 7, 1918, 209–251.

ten entdecken, er hat aber natürlich danach auch nicht gesucht. Nach einer unendlichen Fehlerliste ist so das Fazit unvermeidlich:

> „On se rend compte de quelques-unes des raisons qui me dispenseront de renvoyer pour les inscriptions de Delphes à la *Sylloge.* En fait comme en droit, je considère cette publication de nos textes comme nulle et non avenue; mais je me demande comment feront ceux qui se croiront obligés de citer l'un d'eux d'après cette édition" (242).

Bourguet beendet seine Invektive:

> „La partie delphique de l'œuvre de Dittenberger n'était certes pas de premier ordre, mais quelle vraie force a disparu avec lui, aujourd'hui on se rend mieux compte. Je me permets de répéter encore que de telles publications ne valaient pas de gêner et de retarder notre travail" (251).

Bourguet zitiert auch aus dem Brief von Wilamowitz, in dem dieser auf die Zusendung des Artikels in der Revue archéologique 1914 reagiert hatte

> „M. von Wilamowitz, qui sans doute croyait, le 6 juillet 1914, qu'une collaboration entre savants français et allemands était encore possible, terminait par ces mots la lettre [...]: ‚Mein Wunsch geht nun nur dahin, ... dass die schöne Arbeitsgemeinschaft nicht getrübt wird, in die freilich ein Mann von den Manieren des Hrn. Pomtow nicht gehört'."

Um hinzuzufügen:

> „Je m'en tiens à ce jugement qui avait été le mien depuis longtemps, depuis le moment où j'avais vu que tous les renseignements fournis, tous les secours, toutes les facilités données à la besogne d'un homme en qui on n'aurait jamais dû voir un confrère, servaient à l'œuvre de déprédation dont une outrecuidance morbide a singulièrement vicié les résultats" (212).

Hier scheint immerhin für einen Moment, bei aller gegenwärtigen Erbitterung und Enttäuschung, die Erinnerung an ein früheres besseres Verhältnis auf.

Bemerkenswert ist dabei, dass Bourguet auch in diesem Artikel aus der Kriegszeit Pomtow immer als einzelne Person im Blick hat, nie etwa als Inkarnation des bösen oder schlechten Deutschen. Er greift zudem in keiner Weise Hiller als Herausgeber der SIG an, genauso wenig Klaffenbach, der wahrscheinlich gar nicht besonders in sein Blickfeld geraten war. Mit seinem vernichtenden Artikel hat er die Linie vorgezeichnet, auf dem das französische Urteil über Pomtow sich dann lange Zeit bewegt hat.[226] Es galt fast durchweg eben diesem

226 Er selbst hat seine Kritik fortgesetzt: „Inscriptions de Delphes", *REA* 20, 1918, 21–24; „Sur la promanthie des Thouriens", *REA* 21, 1919, 77–90; „Inscriptions de Delphes", *BCH* 49, 1925, 21–60, bes. 21–24 (in diesem Fall zu Re Suppl. IV; s. unten, wobei der Name Pomtow nur zweimal, eher versehentlich, erscheint; dies verbunden mit Angriffen auf die deutschen Publikationsorgane von Pomtow und der Bemerkung: „la méthode allemande": 24).

ohne irgendeine Verallgemeinerung. In dieser Hinsicht ist Holleaux mit seinem „Pomtow et les Pomtowiens“ eine (psychologisch erklärliche) Ausnahme geblieben.

XXVIII

Ganz einheitlich haben sich die französischen Forscher in der unmittelbaren Folgezeit nicht verhalten. So zitiert etwa André Plassart mehrfach Pomtow ohne jeden Kommentar.[227] Auch Jean Charbonneaux beschränkt sich auf sachliche Korrekturen.[228]

Anders Georges Daux, ein Schüler von Bourguet, der seinen Dank an ihn gleich eingangs ausspricht (439).[229] Er hält sich an die von seinem Lehrer vorgegebene Sprachregelung, indem er SIG³ ohne Namensnennung zitiert (448 Anm. 1 und 2), Pomtow dagegen mehrfach mit seinem Artikel *Delphoi* in der *RE*, um schließlich festzustellen: „C'est la troisième fois que nous avons à constater la vanité des dates proposée par M. Pomtow pour les archontes dont nous ignorons tout: l'apparente précision de ses chiffres n'est point fondée“ (459).

Gegen die von Pomtow wiederholt unternommene Herstellung der delphischen Archontenliste des 3. Jahrhunderts v. Chr. war im nächsten Bande des *BCH* ein weiterer von Bourguet inspirierter, noch grundsätzlicherer Angriff enthalten, der von Pierre Roussel.[230] Seine Ansicht, dass eine begründete chronologische Archontenliste des 3. Jhs. beim gegenwärtigen Kenntnisstand unmöglich sei, macht er von vornherein deutlich (1). Eine Veröffentlichung Pomtows in *Klio* 14 und *SIG*³ wird ohne Kommentar zitiert (6), auch die weitere Auseinandersetzung mit seinen Thesen erfolgt durchaus sachlich, bis etwas unvermittelt eine Anmerkung zu *Klio* 14 und *SIG*³ mitteilt: „Des réserves ont déjà été faites sur la valeur de cette publication par É. Bourguet, *Rev. arch.*, 1914, 1, p. 421, et par moi-même, *Rev. ét. gr.*, 1915, p. 458“[231] (21 Anm. 2, mit Verweis auf den Artikel von Adolf Wilhelm; dazu unten).

---

227 „Inscriptions de Delphes: La liste des Théorodoques“, *BCH* 45, 1921, 1–85 (33 Anm. 2, 35 Anm. 2, 50 Anm. 5).

228 „Note sur la Tholos du ‚Hiéron‘ d'Athéna Pronoia à Delphes (Marmaria)“, *BCH* 48, 1924, 209–216.

229 Daux, „Inscriptions de Delphes“, *BCH* 46, 1922, 439–466.

230 Roussel, „Remarques sur la chronologie des archontes de Delphes au IIIe siècle av. J.-C.“, *BCH* 47, 1923, 1–48.

231 Roussel, „Bulletin épigraphique“, *REG* 28, 1915, 446–475, bes. 457–462: eine ausführliche, teils kritische, aber im Ton zurückhaltende Wiedergabe der von Pomtow veröffentlichten Inschriften.

Weiterhin wird Pomtow aber wieder sachlich referiert, sogar mit gelegentlicher Anerkennung (25 ff.), aber auch mit berechtigtem Hinweis auf seine Meinungsänderungen (31 Anm. 3). Als Endergebnis unterstreicht Roussel nochmals, dass eine chronologisch gesicherte Archontenliste derzeit nicht erstellt werden könne, weder die von Beloch, noch die von Pomtow könne dies leisten (46–48).

Zurückhaltend verhielt sich Colin, der eine Reihe von sachlichen Korrekturen an einer Edition von Pomtow anbrachte.[232] Sein nüchterner Rückblick aus dem Jahr 1930 verdient ausführlich zitiert zu werden:[233]

> „On sera peut-être plus surpris d'en trouver tant aussi édités par M. Pomtow. Ici, il importe de faire une distinction. Quand, en 1896, il lançait son étude sur la base des Messéniens, elle pouvait être regardée comme une offre de collaboration scientifique, telle que nous n'en avons jamais refusé. M. Homolle l'appréciait excellement en ces termes (*BCH*, 1897, p. 616): ‚M. Pomtow a consacré à ce travail un de ces longues mémoires, où il apporte tant de diligence minutieuse et d'ingéniosité [...]'. Mais, depuis, les publications de M. Pomtow ont continué; et, cette fois, il devient difficile d'y découvrir chez leur auteur une intention amicale pour nous. Il y en a eu dans la *Berliner philologische Wochenschrift* (1906, 1909, 1912) et dans les *Göttingische gelehrte Anzeigen* (1913); il s'en est déversé dans la nouvelle édition de la *Sylloge* de Dittenberger, avec une abondance flatteuse sans doute pour notre œuvre, mais inquiétante pour l'équilibre et la clarté du livre (1915, 1917, 1920); et le flot continue, sans paraître jamais près de tarir, dans *Klio* (1917, 1918, 1919). Assurement il est regrettable pour nous, quelques excuses que nous puissions invoquer, de n'être pas arrivés à donner plus vite nos textes. Mais cela n'en reste pas moins, je crois, un phénomène unique dans l'histoire de l'archéologie que des pierres exhumés dans une fouille, rapprochées par les auteurs de cette fouille, et remontées même sur place par eux deviennent à ce point le butin d'un autre. Je ne veux pas reprendre une polémique, où l'essentiel a déjà été dit,[234] et qui d'ailleurs ne changerait rien aux choses. Légalement le procédé n'est pas interdit; il ne s'agit que d'une question de conscience."

Colin beschließt seine faire, in keiner Weise herabsetzende Darstellung der Sachlage, wohl in Unkenntnis des Todes von Pomtow, mit der leicht melancholischen Bemerkung: „Sur ce terrain, j'ai bien peur que, M. Pomtow et nous, nous ne nous entendions jamais."

Aber nicht nur aus Frankreich kam jetzt Kritik. Beloch freute sich, darauf hinweisen zu können, dass nach jahrzehntelanger Auseinandersetzung Pomtow sich wieder seiner Chronologie der delphischen Archonten im 3. Jahrhundert v. Chr. angenähert habe.[235] Dabei entging ihm, dass ihrer beider Ansätze

232 Colin, „Inscriptions de Delphes. Traduction grecque d'une loi romaine", *BCH* 48, 1924, 58–96, bes. 58–61 (zu Pomtow, *Klio* 17, 1921, 153–203). Colin hatte bereits 1913 mit leichter Ironie, und eleganter als Bourguet, auf den Vorgriff von Pomtow bei der Publikation einiger von ihm bearbeiteter Inschriften reagiert: *FD* III 2, 300.

233 *FD* III 4, Paris 1930, III–IV.

234 In Anm. 1 verweist Colin auf die beiden Artikel von Bourguet.

235 Karl Julius Beloch, „Pomtow's Palinodie", *Klio* 19, 1925, 215–217.

im Begriff waren, obsolet zu werden.[236] Wesentlich schmerzlicher musste für Pomtow die scharfe Kritik sein, die der renommierte Epigraphiker Adolf Wilhelm (1864–1950) in Wien an ihm übte.[237]

Wilhelms Beginn setzt bereits den Akzent:

> „Unter den Inschriften aus Delphi, welche H.Pomtow, unermüdlich um die Schätze des Heiligtums bemüht, in *Klio* XIV 265 ff., XV 1 ff. 303 ff., XVI 109 ff. veröffentlicht hat, bieten nicht wenige in der Gestalt, in der sie vorgelegt werden, so offenkundige Anstöße, daß mancher des Griechischen Kundige sich versucht fühlen wird, zur Berichtigung der Lesungen beizutragen." (5)

Er verweist dann auf die Aufsätze von Bourguet (oben Anm. 197) und Roussel (oben Anm. 230), ohne auf die Frage der nichtautorisierten Veröffentlichung einzugehen, und stellt fest, dass eine Reihe der Texte „in derselben mangelhaften Lesung auch in die dritte Auflage von Dittenbergers Sylloge übergegangen" sei (6). Im Folgenden kritisiert Wilhelm eine Reihe von Lesungen und schlägt Verbesserungen vor. Worauf sich aber sein scharfes Urteil am Anfang gründet, wird für den Leser nicht ersichtlich.[238] Für die folgende französische Kritik an Pomtow ist Wilhelm aber eine willkommene Referenz geblieben.

Am Ende seines Aufsatzes in *Klio* 1923 zählt wiederum Pomtow in einem Nachtrag die Verbesserungen Wilhelms mit einigen Modifikationen seinerseits auf und endet:

> „Ich darf es getrost dem Urteil der Fachgenossen überlassen, ob die vorstehenden, zu kaum zwei Dutzend Texten beigesteuerten Verbesserungen – gegenüber dem Werte meiner in den 137 Inschriften der Neufunde geleisteten Arbeit – den anmaßenden Ton rechtfertigen, den Wi. anzuschlagen sich erlaubt hat."[239]

Betrachtet man diese epigraphischen Fehden, so wünschte man, die Beteiligten hätten zur Kenntnis genommen, was bereits Jahrzehnte früher Hermann Usener angesichts einer in seinen Augen übertrieben scharfen Rezension einer Edition ausgeführt hat. Er spricht von den unvermeidlichen Schwierigkeiten und

---

236 Vgl. die Aufsätze von Daux (Anm. 229) und Roussel (Anm. 230); Robert FLACELIÈRE, *Les Aitoliens à Delphes*, Paris 1937; Georges DAUX, „Chronologie delphique", Paris 1943 (S. 2 werden die zu genauen Datierungen von Pomtow, Bourguet, Flacelière gleichermaßen zurückgewiesen); Denis KNOEPFLER, „Les relations des cités eubéennes avec Antigonos Gonatas et la chronologie delphique au début de l'époque étolienne", *BCH* 119, 1995, 137–159; François LEFÈVRE, „La chronologie du IIIe siècle à Delphes, d'après les actes amphictioniques (280 – 200)", ebda., 161–208.

237 WILHELM, „Zu Inschriften aus Delphi", *SB Ak. Wien* 1922, 5–28.

238 Die kritischste Bemerkung gilt dem Stil des Kommentars (16–17).

239 POMTOW, *Klio* 18, 1923, 308.

Fehlerquellen selbst für den gelehrtesten Bearbeiter neuer Inschriften und endet:

> „Kein Mensch steht so hoch, dass er nicht auf die Gerechtigkeitsliebe der Mitwelt angewiesen wäre. Und wenn wir, wie ich doch hoffe, zur guten Gesellschaft gerechnet sein wollen, so ist das mindeste, wodurch wir diesen Anspruch zu stützen haben, dass wir unter uns auf guten Ton und Gerechtigkeit halten."[240]

XXIX

Pomtow war es noch vergönnt, wenigstens den ersten Teil seiner Topographie Delphis in einem Supplementband der *RE* zum Druck zu bringen.[241] Der zweite Teil ist auf der Grundlage seiner Aufzeichnungen und Vorarbeiten von Friedrich Schober (1898–1990) ergänzt worden.[242] Am 24. März 1925 ist Pomtow gestorben.

Seinen wissenschaftlichen Nachlass hat er Günther Klaffenbach vermacht., der ihn zumindest teilweise seinerseits an die Berliner Akademie weitergegeben hat. In der Gesamtsitzung der Akademie am 23. April 1925 teilte Wilamowitz mit, dass Herr Dr. G. Klaffenbach die sämtlichen Abklatsche und anderes Material zu den Inschriften in Delphi der Akademie geschenkt habe. In einem Dankesschreiben an Klaffenbach vom 27. April 1925 hieß es, dies verdiene umso größeren Dank, „als diese Abklatsche und Materialien für die Sammlung der griechischen Inschriften von ganz besonders hohem Werte sind."[243]

Dem Gymnasiallehrer Pomtow wurden immerhin zwei Nachrufe zuteil.

In der Sitzung der Archäologischen Gesellschaft zu Berlin am 31. März 1925 teilte Theodor Wiegand mit, dass „Professor Hans Pomtow einem langjährigen Herzleiden erlegen" sei. Er würdigte dann dessen Verbundenheit mit Delphi seit 1884:

> „Pomtow war das Musterbeispiel eines Mannes, der gezeigt hat, wieviel man einem einzigen bedeutenden Orte, bei intensivster Beschäftigung mit seinen Problemen, abgewinnen kann. Es war bei seiner kränklichen und reizbaren Natur wohl nicht zu vermeiden, daß er hierbei

240 Usener, „Zur Inschrift von Elaia", *Rheinisches Museum* 47, 1892, 155.

241 Pomtow, „Delphoi: Die Topographie (erste Hälfte)", *RE* Suppl.bd. IV, 1924, 1189–1432.

242 Schober, „Delphoi: Die Topographie (zweite Hälfte)", *RE* Suppl.bd. V, 1931, 61–152. Zur vorbereitenden Reise Schobers s. Katja Sporn – Erich Laufer – Peter Funke, „‚Mit Maßband und Bussole …' Geschichte und Würdigung des Manuskripts über eine Phokisreise im Jahr 1926 von Friedrich Schober und Erich Gose", *AM* 131/132, 2016/2017, 376; laut seinem Reisebericht widmete er sich mehrere Wochen (vom 19. November bis 5. Dezember 1925) dem Studium der Topographie von Delphoi.

243 ABBAW, Akten PAW II–VIII, 91, Bl. 140–141.

mitunter zu lebhaften Kontroversen mit seinen Gegnern kam, die er durch allzugroße Schärfe und Bitterkeit verletzte, wofür sie ihm mit derselben Münze heimgezahlt haben. Aber das steht fest: Ihm war es nur um die Sache zu tun, der er 45 Jahre seines Lebens gewidmet hat und um derentwillen er, 1916 noch durch den Tod des einzigen Sohnes erschüttert, früh verwitwet, ein einsames und mühereiches Dasein geführt hat."[244]

Auch Hiller von Gaertringen würdigte in seinem Nachruf das lebenslange Engagement für Delphi.[245] Angesichts der französischen Grabungen sei „zeitweilig eine Verständigung mit den Ausgrabungsleitern" gelungen, „kurz vor dem Weltkriege wäre beinahe eine volle Verständigung geglückt, die der Wissenschaft zu reinem Segen gereicht hätte.[246] In diesen Schwierigkeiten liegt die Tragik seines Lebens, die manche Härten begreifen läßt." Hiller zählte dann kurz die Veröffentlichungen auf, ohne das Problem der Rechte zu erwähnen. Er schloss:

„Wohl gibt es noch viele Lücken, für Topographie und Texte und Chronologie. Noch steht die Archontenfolge des 3. Jahrhunderts v. Chr. für D. nicht fest, ja, nicht einmal für Athen. Noch bieten die Originale und Abklatsche viele Rätsel. Aber die Arbeit von fast 45 Jahren hat doch ihre Früchte getragen, und auch wenn, wie zu hoffen, die nächste Generation noch viel weiter kommt, wird P.s Verdienst um das Heiligtum des Apollon Pythios unvergessen bleiben."

Selbst Wilamowitz ließ am Ende in seinen *Erinnerungen* dem Ungeliebten Gerechtigkeit widerfahren. Nachdem er auf die Abgabe seines Manuskripts nach Paris und die anschließenden Polemiken zurückgeblickt hat (oben Anm. 138), schließt er:

„Von jener (sc. französischer) Seite ist sein rastloser Eifer dann mit noch größerer Feindseligkeit angegriffen worden; seine Kontrolle war der französischen Ausgrabung unwillkommen, aber die Wissenschaft hat allen Grund ihm dankbar zu sein."[247]

244 Wiegand, JdI 40, 1925, 220–222. Dr. Walter Pomtow war am 3. August 1916 beim Segeln tödlich verunglückt. Zu ihm siehe unten, Kap. 6.

245 Hiller von Gaertringen, *Klio* 20, 1926, 127–128.

246 Damit werden die damaligen Ereignisse nostalgisch verklärt.

247 Wilamowitz, *Erinnerungen* (Anm. 61), 308.

4. Nach dem Tode Pomtows bis heute

XXX

Auf den Spuren von Bourguet hat Georges Daux im Jahr 1936 das französische Urteil über Pomtow für die Folgezeit festgeschrieben.[248] Es ist die übliche Referenz geblieben, gerne kombiniert mit einem Hinweis auf Adolf Wilhelm, dessen anerkannte Autorität als Epigraphiker zudem den Vorteil hatte, die eines Österreichers, also eines ‚Neutralen', zu sein.

In seinem bibliographischen Überblick bemerkt Daux zu den delphischen Inschriften in SIG³:

> „Si j'ai indiqué [...] la référence aux numéros de ce recueil [...], je prie que l'on n'y voie point une concession de forme à des scrupules bibliographiques – qui seraient tout à fait déplacés, – mais le désir de montrer une fois de plus, par des exemples précis, ce qu'est devenu, entre les mains de H. Pomtow, l'admirable instrument de travail forgé par W. Dittenberger" (65).

Sein generelles Urteil formuliert er, ausgehend von einem Vergleich mit Nikitsky:

> „Pomtow, qui le cite parfois et qui a en effet beaucoup profité de ses travaux, n'a imité ni sa prudence ni sa courtoisie. Il a ‚publié', sans méthode, pour être le premier, un nombre considérable de textes découverts dans les fouilles de l'École française; [...] ses commentaires, touffus et dogmatiques, sont encombrés par des additions de la dernière heure, par des compléments de tout sorte et par des corrections à ses compléments. Beloch a parlé de ‚palinodies', et le terme est d'autant plus juste que l'auteur ne perd rien, à chaque revirement, de son assurance. Wilhelm s'est déclaré offusque par le latin de Pomtow; ce n'est pas à un étranger de dire si son style est, ou non, moins accablant, lorsqu'il s'exprime dans sa langue maternelle. [...] J'ai donc signalé scrupuleusement tous les points sur lesquels je devais quelque chose à ses travaux; par contre il eût été matériellement impossible de relever toutes les erreurs – tout ce que crois être des erreurs – matérielles ou de méthode" (68–69).

Bei aller Härte des Urteils ist eine gewisse Vorsicht zu spüren. Daux hat de facto die Editionen Pomtows durchaus als solche, d.h. als ‚publiziert', behandelt und rechnet sogar mit der Möglichkeit eines eigenen Irrtums. In der anschließenden Rezeption sind allerdings derartige Nuancen teilweise untergegangen.

---

248 Daux, *Delphes au IIe et au Ier siècle depuis l'abaissement de l'Etolie jusqu'à la paix romaine 191-31 av. J.-C.*, Paris 1936.

Wie sein Urteil bis in die Hörsäle vorgedrungen ist, bezeugt ein Brief von Peter Herrmann an den Autor dieses Textes:[249]

> „Die Nachwirkungen der alten Animositäten habe ich übrigens noch – als unbekannter Hörer – 1953/4 in der Vorlesung von Charles Picard in Paris gespürt, wo keine Stunde ohne eine Spitze gegen die Deutschen verging und wo – es ging um den ‚Aurige de Delphes' – natürlich Pomtow und seine Aktivitäten in Delphi eine besondere Zielscheibe waren."

Noch im Jahr 1992 machte sich – in einer sich eigentlich bereits wandelnden Zeit (s.u.) – Jean Bousquet zum Echo der Invektive von Daux.[250] Seine eigene Darstellung übertraf allerdings die im Vergleich damit noch zurückhaltenden Bemerkungen von Daux beträchtlich an Schärfe. Hier wird die Nähe zu Bourguet sichtbar, den Bousquet zeitlebens verehrt hat:

> „L'intervention de Pomtow, qui causa pour de longues années une rivalité accrue par la dévolution du site à la France, et se continua après par l'amertume et les insultes en style académique. Il est dommage que l'on soit tombé avec l'Allemand sur un ‚mauvaise caractère', deçu et jaloux, prêt à profiter de l'indifference générale pour publier hâtivement, le plus de textes possibles, en affirmant que les Français étaient paresseux et incompétents. Bourguet en souffrit toute sa vie et ne supporta jamais de voir publier des inscriptions qu'il avait été le premier à lire dans la poussière et la hourvari de la fouille, où les pierres inscrites apparaissaient par dizaines [...]" (103).

Anschließend beklagte er sich darüber, dass die Behauptungen Pomtows auf demselben Niveau wie die korrekten Publikationen in *FD* und *BCH* zitiert würden (104).[251]

XXXI

Gleichzeitig mit diesen überkommenen Urteilen setzte aber ein Nachdenken darüber ein, welche schweren Probleme die bisherige, topographisch orientierte Editionsweise der delphischen Inschriften mit sich gebracht hatte. Erste Überlegungen hat sich dazu ein ‚Nichtdelphier', Louis Robert, gemacht. Am 1. August 1939 schrieb er an Klaffenbach über die Möglichkeit, IG VIII mit neuen Edito-

249 Brief vom 20. März 1999.

250 Bousquet, Rapport sur l'histoire et les institutions, in: Anne Jacquemin (Hrsg.), *Delphes, cent ans après la grande fouille essai de bilan. Actes du colloque international, organisé par l'École Française d'Athènes*, Paris 2000, 101–107; 103 Anm. 6: „G. Daux a écrit en 1936 [...] parfaitement claire sur le jugement à porter sur Pomtow et, par contraste, sur l'estimable savant qu'était le Russe Nikitsky. Mais le plus sévère peut-être a été Ad. Wilhelm [...]."

251 Zu Bousquet als dem ‚Delphier' schlechthin s. Georges Rougemont, „Épigraphie Delphique", *Topoi* 20, 2015, 305–306.

ren doch noch zu realisieren, die Fouilles de Delphes seien kein Ersatz dafür.[252] Mit Flacelière habe er wegen der Publikation der Urkunden der Amphiktyonen bereits gesprochen; er sei dazu bereit. Roussel habe keine Einwände. Weiteres wolle er mit Klaffenbach in Paris besprechen. Klaffenbach bedankte sich am 15. August für die streng vertrauliche Mitteilung, war aber schon voller düsterer Vorahnung: Es fehle ihm jetzt jede Konzentrationsmöglichkeit zu einer Antwort. Der Ausbruch des Zweiten Weltkriegs wenige Tage später hat diesen vielversprechenden Ansatz illusorisch werden lassen.

Öffentlich hat sich zuerst Georges Daux im Jahr 1952 zu der Problematik geäussert.[253] Er ging dabei allerdings von einer irrigen Voraussetzung aus, nämlich, dass der Vertrag der Akademien im Jahre 1899 vorgesehen habe, nur die bis 1892, vor der französischen Grabung, gefundenen Inschriften von Pomtow in IG VIII veröffentlichen zu lassen, während die von den Franzosen ergrabenen in den Fouilles de Delphes veröffentlicht werden sollten.[254] Dass eine derartige Regelung immer wieder inhaltlich Zusammengehöriges auseinanderreissen musste und insgesamt zu einer „absurdité fondamentale du système" (264) führen, ist vollkommen klar. Aber das war 1899 nicht vereinbart worden, sondern die Veröffentlichung sämtlicher Inschriften im Rahmen der IG.[255] Das hätte freilich, angesichts der in der Tat sachlich willkürlichen Trennungslinie vor und nach 1892, eine enge Zusammenarbeit zwischen Pomtow und seinen französischen Kollegen notwendigerweise vorausgesetzt. Hier ist an den Arbeits-

---

252 Brief im Archiv der IG: „Je veux vous parler maintenant d'une idée que j'ai eue à la fin de mon séjour à Berlin. Je vous prie de considérer ceci comme confidentiel, et je m'adresse à l'ami personnel, en laissant de côté pour le moment le „Vorsteher" des IG. Le Corpus de Delphes doit être fait.

Les Fouilles de Delphes ne peuvent en tenir lieu. Ne pourrait-on le publier dans les IG, comme il avait été prévu autrefois? Je prévois comme collaborateurs Flacelière (actes amphictioniques et IIIe s.), Daux (affranchissements et II-I^{e} s.), Jannoray (qui, sur mon conseil s'est mis à étudier et à grouper les textes de l'époque impériale). J'en ai parlé à Flacelière, qui accepterait de faire la période indiquée. Il en a parlé à Roussel, qui a déclaré n'avoir aucune objection. On pourrait donc soulever la question l'an prochain. A mon avis, il faudrait, la question étant très délicate, procéder d'abord oralement, par conversations directes. Ce serait donc pour vous la possibilité – et même l'obligation, agréable – de venir à Paris pour entamer cette affaire."

253 Daux, „Rapport sur les inscriptions de Delphes", in: *Actes du deuxième congrès international d'épigraphie grecque et latine. Paris 1952*, Paris 1953, 264–266; auf seinen Bahnen: Rougemont, „Épigraphie" (Anm. 251), 293–321.

254 Wäre das wirklich der Inhalt des Vertrages gewesen, dann hätte man Pomtow in der Tat eine förmliche „violation de l'accord franco-allemand" vorwerfen können; Rougemont, „Épigraphie" (Anm. 251), 297 zieht denn auch aus der falschen Prämisse diese Konsequenz.

255 Bourguet war das im Jahr 1914 noch vollkommen klar, wie sein Bewusstsein von der angeblichen Vorläufigkeit der *FD* und die illusionäre Schilderung des zukünftigen IG VIII beweisen (oben Anm. 197).

plan zu erinnern, den Pomtow mit Brief vom 26. Februar 1900 an Homolle entwickelt hat (oben Anm. 75), auf den er aber keine Antwort erhalten hat.

Das eigentliche Problem hatte aber erst die Ausweichstrategie von Homolle geschaffen, die Inschriften in topographischer Anordnung zusammen mit den Monumenten zu publizieren. Welche Unzuträglichkeiten das mit sich brachte, angesichts der völlig verstreuten Fundlage vieler zerbrochener Inschriften, haben Daux und nach ihm ausführlicher Rougemont geschildert; insbesondere die dadurch bedingte Auftrennung sachlich zusammengehöriger Inschriftengruppen, wie etwa der Amphiktyonendekrete.[256]

Bourguet, der sich gegen die topographische Anordnung ursprünglich gewehrt hatte (oben Anm. 165), hat schon im Jahr 1932 ein sachliches Ordnungsprinzip gewählt.[257] Im Übrigen bedurfte es aber nach dem Anstoß durch Daux 1952 noch weiterer Jahrzehnte, bis ein *Corpus d'inscriptions de Delphes* (CID) mit den ersten Bänden auf den Weg gebracht wurde, in dem nun inhaltlich geschlossene Inschriftengruppen publiziert werden sollen.[258] Ganz abgesehen davon, dass auch da ein Ende bislang noch nicht absehbar ist,[259] macht wiederum Rougemont deutlich, welche Abgrenzungsschwierigkeiten hinsichtlich dieser Sachgruppen bestehen. Überschneidungen werden bereits bei den wenigen bisher erschienenen Bänden ersichtlich.[260] Diese Methode, ein Corpus der Inschriften zu erreichen, erweist sich also in ähnlicher Weise als problematisch. In Wahrheit ist sie eine weitere Konsequenz aus der ursprünglichen Fehlentscheidung, die Veröffentlichung im Rahmen der IG und nach deren Prinzipien aufzugeben, und insofern der Versuch, ein verfehltes Ordnungsprinzip durch ein anderes, besseres, aber immer noch unzulängliches zu ersetzen. Einsichtsvoll bemerkt Rougemont:

> „À Delphes [...] ce qui fait défaut depuis cent ans, c'est un lieu unique (matériel ou virtuel), aisément accessible pour le public savant (et non seulement pour les spécialistes du site), où l'on soit à peu près assuré de trouver réunies, rationellement classée et correctement éditées, l'ensemble des inscriptions découvertes sur le site; autrement dit, un corpus."[261]

---

256 DAUX, „Rapport" (Anm. 253), 265: „Aussi dès l'origine les principes et le plan étaient ruineux"; ROUGEMENT, „Épigraphie" (Anm. 251), 299–300.

257 BOURGUET, *FD* III 5: *Les comptes du IVe siècle*, Paris 1932.

258 Den Anfang machte ROUGEMONT: *Lois sacrées et réglements religieux* (*CID* I), Paris 1977; der vorläufige Schlusspunkt ist mit der definitiven Edition der Freilassungsurkunden, die den Hauptteil der auf der Polygonalmauer angebrachten Inschriften bilden: Dominique MULLIEZ, *Les actes d'affranchissement, CID* Tome V, vol. I (Nr. 1–722), Paris 2018 und vol. II (Nr. 723–1341), Paris 2022.

259 Man lese nur die ‚provisorischen' Liste bei ROUGEMONT, „Épigraphie" (Anm. 251), 316 Anm. 88.

260 ROUGEMONT, „Épigraphie" (Anm. 251), 317–321.

261 ROUGEMENT, „Épigraphie" (Anm. 251), 315; dazu sein Fazit: „On voit ce qui est à craindre: que peu à peu le maniement du *Corpus des inscriptions de Delphes* ne devienne aussi compliqué,

Interessanterweise fehlt bei Daux wie bei Rougemont der Name Homolle und damit das Bewusstsein, dass er für die verhängnisvolle Weichenstellung im Jahr 1909 verantwortlich gewesen ist.[262] Rougemont bemerkt allgemein zur Überlieferungslage um 1970:

> „Un seul guide sûr existait: la tradition orale dont les *Delphiens* étaient dépositaires; car ce qu'on vient de lire sur l'histoire de la publication et sur l'économie des *FD* III n'était écrit nulle part, expliqué nulle part. [...] Aucun exposé, fût-il succinct, n'offrait un aperçu d'ensemble impartial, simple et clair, *accessible au profane*, sur les inscriptions de Delphes et sur l'histoire de leur publication."[263]

Leider war aber der *guide* der *tradition orale*, und damit das behauptete Insiderwissen der *Delphiens* keineswegs so *sûr*. Rougemont, der anschließend die *Delphiens* engagiert als „une société singulière, animée d'un esprit singulier" beschreibt, ja geradezu von einer „église"[264] spricht (306–310), hat jedenfalls durch ihn, wenn er denn existiert hat, Wesentliches nicht erfahren.

Bourguet hat allerdings diesem Nichtwissen Vorschub geleistet, indem er seine Vorbehalte nur angedeutet hat, ohne den Namen des für das topographische Anordnungsprinzip Verantwortlichen zu nennen. Das Erbe von Homolle wirkt also bis heute in einer von den Beteiligten ungeahnten Form weiter, nicht zum Guten.

Es sind von den ‚Delphiern' viele hervorragende, gründliche, gelehrte Werke zu den delphischen Inschriften geschrieben worden. Aber ein rundes Ganzes à la IG VIII wird es wohl niemals geben.

Nicht ganz unpassend ist es also, hier Schiller in leicht abgewandelter Form zu zitieren: „Das eben ist der Fluch der bösen Tat, dass sie, fortzeugend, immer Stückwerk muss gebären." (Wallenstein, Die Piccolomini V 1).

---

pour l'*usager*, que le maniement des *FD* III. L'écheveau séculaire que constitue l'épigraphique delphique est-il tout à fait démêlé?" (321).

262 Rougemont datiert den Entscheid richtig in das Jahr 1909, „à la suite (semble-t-il) – selon la tradition orale – d'une remarque de G. Clemenceau, qui, de passage à Delphes, s'était étonné que tant d'inscriptions fussent encore inédites" (299 Anm. 25). Clemenceau hat sich in der Tat für das antike Griechenland interessiert: von Ungern-Sternberg, *Delos* (in diesem Bande, Teil II) bei Anm. 10, die Anekdote vernebelt aber den wirklichen Hergang der Dinge, erst recht die wichtigeren inhaltlichen Aspekte.

263 Rougemont, „Épigraphie" (Anm. 251), 304–305.

264 Rougemont, „Épigraphie" (Anm. 251), 307 schreibt Pierre Frotier, marquis de la Coste-Messelière (1894–1975), einem ‚Urdelphier', „disciple extrêmement respectueux d'Émile Bourguet" ein „mot cruel" zu: „ Les Delphiens sont une église, qui a pour dieu Bourguet et pour démon Pomtow."

XXXII

Der nämliche Jean Bousquet, dessen hartes Urteil aus dem Jahre 1992 wir oben kennengelernt haben (Anm. 251), war eigentlich bereits auf dem Wege eines Umdenkens über Pomtow. Im Jahre 1984 berichtete er in einem Privatbrief über eine damals schon einige Zeit zurückliegende Intervention von Klaffenbach. Rougemont, wohl aufgrund weiterer Informationen, datiert sie in die 50er Jahre und spricht sogar von einem „accord conclu avec Günther Klaffenbach."[265] Hier also der Bericht von Bousquet:

> „J'ai encore une lettre de G. Klaffenbach me demandant, avec la voix de la raison (c'était un homme merveilleux [...]), d'enterrer le *Kriegsbeil*, puisque *publiziert ist publiziert*. Et vous avez remarqué que, depuis, j'écris le nom de Pomtow en toutes lettres."[266]

Mit oder ohne Pakt, im Jahre 1981 konnte sich Daux, bei aller Kritik, sehr viel entspannter mit den Publikationen Pomtows auseinandersetzen,[267] er freut sich zudem, dieselbe Zurückhaltung – ganz unabhängig voneinander – jetzt auch bei Jean Bousquet[268] und Claude Vatin[269] anzutreffen. Vatin seinerseits spricht von „les âpres querelles entre savants français et allemands" seit Beginn des 20. Jahrhunderts und fügt an:

> „La lecture des écrits de Pomtow et de Bourguet est particulièrement édifiante à cet égard; reconnaisssons qu'ils sont très excusables et que le climat belliqueux du début du siècle ne leur facilitait pas la tâche" (430 Anm. 5).

Anlass zur Besinnung konnte auch Louis Robert geben, selbst ein ‚Nicht-Delphier' und mit Klaffenbach in lebenslanger Freundschaft verbunden[270]. Er bemerkte zu einer Inschrift, sie sei von Pomtow „avec l'aide très efficace du jeune G. Klaffenbach" publiziert worden, deren Lesungen seien aber von Daux zu Unrecht als „aventurées" zurückgewiesen worden.[271]

Weitere Ansätze zu einer Neubewertung Pomtows finden sich etwa bei Jean Pouilloux im Jahre 1988.[272] Er sieht eine sich steigernde Oppositionshaltung Pomtows gegenüber der französischen Grabung von Anfang an.

---

265 Rougemont, „Épigraphie" (Anm. 251), 303.

266 Rougemont, „Épigraphie" (Anm. 251), 303 Anm. 30.

267 Daux, „Suite de la révision de FD III 4", *BCH* 105, 1981, 576–577.

268 Bousquet, „Le roi Persée et les Romains", *BCH* 105, 1981, 407–416.

269 Vatin, „Monuments votifs de Delphes", *BCH* 105, 1981, 429–459.

270 Die Edition ihres Briefwechsels durch Daniela Summa und Klaus Hallof ist in Vorbereitung und sehr zu erhoffen.

271 Robert, *Documents d'Asie Mineure*, Paris 1987, 477–478.

272 Pouilloux, „L'épigraphie grecque" (Anm. 168), 19.

> „Pomtow continua de publier trop et trop vite des textes qu'il avait parfois à peine entrevus. Le résultat en fut une *damnatio memoriae* qui n'était pas toujours justifiée. Il fallut attendre plus d'un demi-siècle pour retrouver le calme et pouvoir dire en France que Pomtow n'avait pas toujours tort"

Mit großem psychologischem Verständnis hat sich dann Anne Jacquemin geäußert:[273]

> „En 1884, un jeune épigraphiste allemand, H. Pomtow, entreprenait des recherches topographiques à Delphes, dont les résultats, publiés en 1889, n'ont pas perdu de leur intérêt. Il est aisé de deviner quels furent ses sentiments, lorsque l'École française d'Athènes commença le dégagement systématique du sanctuaire auquel il avait consacré sa vie. La publication des inscriptions découvertes antérieurement dans la série des *Inscriptiones Graecae* ne put apaiser sa passion pythique qui s'exprima dans une sorte de contre-publication des monuments et des inscriptions dans divers revues et ouvrages. De l'amant déçu, il eut les imprudences et les excès, ce qui ne contribua pas à assainir la situation. Les relations entre savants, telles qu'elles s'expriment à travers les articles, laissent deviner des partis pris nuisibles à la science, qui s'apaisent heureusement."

Anne Jacquemin fügt in einer Anmerkung (4 Anm. 19) richtig hinzu, dass sich, trotz der allgemein gespannten Beziehungen zwischen Frankreich und Deutschland, die Animositäten nicht gegen die Deutschen im Allgemeinen, sondern speziell gegen Pomtow gerichtet hätten. „Il s'agit donc bien d'une rivalité qui a des aspects de rivalité amoureuse." Die Veröffentlichung in SIG³ habe sich aber nicht rechtfertigen lassen. Pomtow „paya cette indélicatesse du fameux ‚publié' sans référence qui accompagna désormais ces textes dans les *Fouilles de Delphes*. Avec le temps, un jugement plus serein put être émis sur l'œuvre de ce savant", wofür Jacquemin den verschiedenen Ton in den Äußerungen von Daux im Jahre 1932 und 1981 vergleicht.

Ein eindrucksvolles Zeugnis für die neue Sicht der Dinge ist die von Anne Jacquemin in Zusammenarbeit mit Dominique Mulliez und Georges Rougemont herausgegebene Sammlung: *Choix d'inscriptions de Delphes, traduites et commentées* (Athen 2012). Sie erwähnt in einer kurzen Anmerkung die trüben Aspekte der Vergangenheit (26 Anm. 18), behandelt aber bei den einzelnen Inschriften die Ausgaben und Kommentare Pomtows gleichberechtigt mit den anderen. Klaffenbachs Maxime „publiziert ist publiziert" (oben Anm. 266) ist damit vollständig erfüllt worden. Im Übrigen bietet die klug ausgewählte Sammlung von 300 Inschriften (in Wirklichkeit noch mehr) einen hervorragenden Überblick über das, was die Inschriften zur Geschichte Delphis und seiner Institutionen beitragen. Damit ersetzt sie zu einem guten Teil die fehlende Gesamtsicht, die ein wirkliches Corpus bieten würde.

273 JACQUEMIN, *Offrandes monumentales à Delphes*, Paris 1999, 4.

Die von uns schon wiederholt herangezogene Betrachtung von Georges Rougemont zur ‚Épigraphie delphique' (oben Anm. 251) ist einerseits ein letztes (?) Echo der negativen Urteile, die im Kreise der ‚Delphier' über Pomtow kolportiert worden sind,[274] zeigt andererseits aber auch das inzwischen neugewonnene Verständnis für seine frustrierende Situation aufgrund des problematischen Abkommens der Akademien (296) und die Einsicht, dass seine Veröffentlichungen bei allen Schwächen bis heute unentbehrlich geblieben sind (298).

Demgegenüber ist festzustellen, dass die Querelen um Pomtow in Deutschland von vornherein und bis heute kaum ein Echo gefunden haben. Das mag daran liegen, dass die delphische Epigraphik zwar vor dem Ersten Weltkrieg durchaus auch das Interesse deutscher Forscher gefunden hat, es kann an Beloch erinnert werden, seither aber in sehr viel geringerem Maße. Mit Pomtow verband sich jedenfalls in deutschen Augen keine Prestigefrage. Zudem war er als Gymnasiallehrer ohnehin ein akademischer Außenseiter.

Die kurze Darstellung von Michael Maass gibt, dank der Informationen von Klaus Hallof, in einigen Grundlinien das wirkliche Geschehen korrekt wieder.[275] Gleiches gilt von den Ausführungen, die Klaus Fittschen im Rahmen seines Beitrags zum 150-jährigen Jubiläum der École française Pomtow gewidmet hat, auch wenn da im Lichte der gesamten Dokumentation der antifranzösische Ton bei Pomtow doch etwas überzeichnet ist.[276]

274 E.g. „Le ton discourtois, voire brutal, que Pomtow employait volontiers dans ses publications [...]" 297).

275 Maass, *Das antike Delphi. Orakel, Schätze und Monumente*, Darmstadt 1993, 233–234 (zu Hallof: 287 Anm. 25).

276 Fittschen, „L'École française d'Athènes et l'Institut archéologique allemand", *BCH* 120, 1996, 487–496, bes. 492.

5. Schlussbetrachtung

Die Erinnerung an die nunmehr weit über ein Jahrhundert alte Geschichte der Publikation der Inschriften von Delphi ist von der Vorstellung beherrscht, dass sie lange Zeit von dem Gegensatz zwischen dem Deutschen Hans Pomtow und den französischen Epigraphikern geprägt gewesen sei. Das ist, wie unsere Recherchen aus Akten und Korrespondenzen aufgezeigt haben, allenfalls eine Teilwahrheit. Sie verstellt den Blick auf Wesentlicheres, nämlich einerseits auf die innerfranzösischen Auseinandersetzungen, vor allem aber auf die – bei allen hervorragenden Leistungen im Einzelnen – sehr problematische Grundausrichtung der französischen Editionstätigkeit, die wohl nie vollständig korrigiert werden kann.

Théophile Homolle hatte die Grabung in Delphi mit großer Energie vorangetrieben, war aber wegen unzureichender finanzieller und personeller Ausstattung von vornherein in einen Engpass bei Dokumentation und Publikation geraten, der nicht nur ausländische, sondern vor allem auch scharfe Kritik in Paris hervorrief. Das von ihm herbeigeführte Abkommen zwischen den Akademien in Berlin und Paris über die Publikation im Rahmen des Berliner Corpus sollte aus seiner Sicht den französischen Kritikern den Wind aus den Segeln nehmen und gleichzeitig den mit der Edition der Inschriftenfunde vor der französischen Grabung betrauten Pomtow einbinden, man könnte auch schärfer formulieren: kaltstellen.

Beides erwies sich als illusorisch, weil das Grundproblem, die Unfähigkeit Homolles zu einer adäquaten Publikation der Funde, nicht beseitigt, sondern nur kurzzeitig verschleiert worden war. Nach dem Ende der Grabung 1903 geschah, ausser einer gewissen Tätigkeit des auf sich allein gestellten Bourguet, jahrelang praktisch nichts für die Bearbeitung der Inschriften. Erst die allgemeine Empörung in Paris, bis hinauf zum Minister, zwang 1908/09 Homolle zum Einlenken durch Gründung einer Kommission. Weiterhin aber nicht imstande zu der vertraglich in Aussicht gestellten Erarbeitung eines Corpus der Inschriften nach den Grundsätzen und im Rahmen der IG, griff er wieder zu einer Ausweichstrategie. Gegen die Ansicht seiner eigenen Mitarbeiter erzwang er die Publikation nicht nach Sachgruppen, sondern in einer topographischen Anordnung, also nach den Bauwerken und Monumenten, auf denen die Inschriften angebracht waren. Die Unzweckmäßigkeit dieses Vorgehens hat man später eingesehen, aber nicht zu einem einheitlichen Corpus gefunden.

Pomtow hatte für die von Wilamowitz erzwungene Ablieferung seines Manuskripts nach Paris sich freie Hand für seine privaten Forschungen ausgehandelt, ja sogar eine Förderung durch Beurlaubung vom Schuldienst. In drei Forschungsreisen nach Delphi, begleitet von weiteren Fachleuten, hat er seine wissenschaftlichen Pläne verfolgt. Er stieß dabei in das Vakuum, das die fast vollständige Einstellung der französischen Forschungen zu Delphi geschaffen hatte, wobei hinzukam, dass deren alleiniges Publikationsrecht spätestens im Jahre 1908 vollständig erloschen war.

Die Inschriften standen für Pomtow zunächst nicht im Vordergrund; er verfolgte sein zweites Interesse, die genauere Klärung der Topographie von Delphi. Aber unvermeidlich waren dabei immer wieder auch Inschriften heranzuziehen, natürlich auch unveröffentlichte. Und in jedem Fall zwangen diese Forschungen ständig zur, teilweise polemischen Auseinandersetzung mit den Verhältnissen, wie sie die französischen Grabungen geschaffen hatten.

Auf der anderen Seite wurde der in Delphi immer wieder präsente Bourguet durch die Tätigkeit Pomtows zunehmend beunruhigt. Er sah eine Konkurrenz in einem Aufgabengebiet entstehen, das er sich und seinen französischen Kollegen vorbehalten glaubte. Darüber zerbrach allmählich das gute Verhältnis, das ihn wie auch Colin und Perdrizet bisher mit Pomtow verbunden hatte.

Zum endgültigen Bruch kam es, als Pomtow sich wieder der Chronologie Delphis zuwandte, deren zentrale Bedeutung für das Verständnis der delphischen Inschriften ihm immer vor Augen gestanden hat. In der nicht unberechtigten Annahme, dass er die vollständige Publikation seitens der französischen Gelehrten nie erleben werde, veröffentlichte er kurzerhand eine Reihe von Inschriften, die er für die Erstellung der Archontenliste des 3. Jahrhunderts v. Chr. brauchte. Dies geschah seltsamerweise im Rahmen einer Rezension in den *Göttingischen gelehrten Anzeigen* im Jahr 1913, die Hiller von Gaertringen veranlasst hatte, also aus einem eher zufälligen Anlass.

Für Bourguet bedeutete das eine Kriegserklärung, auf die er mit einem sehr polemischen Artikel reagierte. Währenddessen verabredete Hiller mit Pomtow, dass dieser die Bearbeitung der delphischen Inschriften für die dritte Auflage der *Sylloge Inscriptionum Graecarum* (SIG) übernehmen solle. Die offenbar bestehenden Bedenken hinsichtlich der Aufnahme unveröffentlichter Inschriften versuchten sie dadurch zu beseitigen, dass Pomtow nunmehr in mehreren Jahrgängen der *Klio* serienweise weitere Inschriften veröffentlichte.

Für Bourguet war das nicht hinnehmbar, und er reagierte wieder mit einem heftigen Angriff. Der mittlerweile tobende Erste Weltkrieg hat dabei eigentlich keine erkennbare Rolle gespielt. Das Verhältnis war schon zuvor zerrüttet, und Bourguet, wie später auch seine französischen Verbündeten, haben kaum je über Pomtow hinaus generell *les Allemands* ins Visier genommen. Bemerkenswerterweise haben sie noch nicht einmal Hiller von Gaertringen als Herausgeber der *SIG* angegriffen.

Über Pomtow und seine Veröffentlichungen, insbesondere auch in der *SIG*, hat Bourguet eine damnatio memoriae verhängt, an die sich die französischen Epigraphiker, wenn auch im Einzelnen unterschiedlich, jahrzehntelang gehalten haben. Ein Prozess des Umdenkens, einer differenzierten Betrachtung, kam erst sehr allmählich in Gang. Dazu hat eine Intervention von Günther Klaffenbach bei Jean Bousquet mitgewirkt, der nicht nur mit Louis Robert in lebenslanger Freundschaft verbunden gewesen ist, sondern auch sonst in Frankreich hoch angesehen war. Auch ein Artikel von Louis Robert, eines ‚Nichtdelphiers', hat wohl eine Rolle gespielt. Besonders eindrucksvoll hat Anne Jacquemin dieser Neubewertung von Pomtow Ausdruck verliehen. So ist man glücklich bei der Gesinnung freundschaftlicher Zusammenarbeit wieder angelangt, die wir als Motto mit einem Zitat von Homolle aus dem Jahre 1891 dieser Arbeit vorangestellt haben.

Klaus Hallof

Anhang I: Pomtow als Lehrer

Dr. Hans Pomtow hatte am 1. Januar 1900 eine Stelle als Hilfslehrer am Königlichen Luisen-Gymnasium in Berlin-Moabit (Turmstraße) angetreten. Nach seiner Ernennung zum Oberlehrer am 3. Juli 1902 „mit dem Dienstalter von Ostern 1901" (daher im folgenden Bericht datiert auf den 1. April 1901) erschien, wie üblich, im Jahresbericht des Gymnasiums für das Jahr 1901/2[277], eine Vita des neuen Kollegen:

„Hans Pomtow, geb. im März 1859 zu Berlin, wurde dort auf dem Kgl. Joachimsthalschen Gymnasium vorgebildet und legte im August 1877 an der Lateinischen Hauptschule zu Halle a.S. die Reifeprüfung ab. Er studierte von Michaelis 1877 bis Ostern 1881 zu Berlin klassische Philologie und Geschichte, wurde daselbst im Juni 1881 auf Grund der Dissertation ‚de oraculis quae exstant graecis trimetro iambico compositis' zum Dr. phil. promoviert und bestand im Mai 1882 das Examen pro facultate docendi. Als Hilfslehrer an die Gelehrtenschule des Johanneums in Hamburg berufen, absolvierte er dort gleichzeitig sein Probejahr (August 1882 bis Michaelis 1883), und wurde nach mehrfachen Studienreisen in Italien und Griechenland von der Kgl. Preussischen Akademie der Wissenschaften im Juli 1887 mit der Herausgabe der Delphischen Inschriftenbände in dem ‚Corpus Inscriptionum Graecarum Graeciae Septentrionalis' beauftragt und von ihr aufs neue zu längerem Aufenthalte nach Delphi gesendet. Als nach langen Vorarbeiten das Inschriftenwerk in dreizehnjähriger Arbeit im wesentlichen vollendet war und dessen Herausgabe auf Wunsch der Pariser Akademie im November 1899 bis zum Abschluß der französischen Ausgrabung Delphi's aufgeschoben wurde, trat er wieder in den Schuldienst, wurde vertretungsweise zu Ostern an das Kgl. Wilhelmsgymnasium zu Berlin und am 1. Januar 1901 an das Kgl. Luisengymnasium berufen, wo er später zum etatsmäßigen Hilfslehrer und am 1. April 1901 zum Oberlehrer ernannt wurde.

Seine wissenschaftlichen Werke umfassen, außer dem Hauptwerk der delphischen Inschriften, gegen 40 größere und kleinere Werke, Einzelschriften etc.; von ersten seien genannt: Poetae lyrici graeci minores. 2 Bde. Leipzig, Hirzel 1885. – Beiträge zur Topographie von Delphi; mit 14 Plänen & Tafeln, 4°, Berlin, Georg Reimer 1889. – Fasti Delphici (Chronolog. Untersuchungen), bisher erschienen: drei Theile 1889; 1894; 1897. – Delphische Chronologie, Stuttgart, Metzler 1901. – Grössere Abhandlungen sind veröffentlicht in: Neue Jahrbücher f. Philologie 1883; 1884; 1886; 1896. Mitteilungen des Athenischen Instituts 1889, 1895; Rheinisches Museum 1894; 1896; 1897."[278]

277 Programm des Kgl. Luisen-Gymnasiums zu Berlin 1902. XX. Jahresbericht für das Schuljahr 1901/1902, vom Direktor Georg Kern, S. 15.

278 Diese Vita entspricht den Angaben im „Personalblatt A für Direktoren, wissenschaftliche Lehrer und Kandidaten des höheren Schulamts", wo folgende zusätzliche Informationen stehen:
1. Name: *Hans Rudolf Pomtow, geboren am 27. Maerz 1859 zu Berlin, evangelischer Konfession; Sohn des verstorbenen Professor Dr. L. Pomtow (weiland Professor am kgl. Joachimsthalschen Gymnasium)*

Das Lehrerkollegium im Sommer 1901.

Reihe von links: Rex, Rohrlack, Bock, Unger, Kastellan Rosenow. 2. Reihe: Schwebel, Freier, Giese, Zühlke, Ganzel eyde, Seibt 3. Reihe: Pomtow, Rabe, Stephan, Kurze, Augsburger, Jänicke, Harnack, Ulich, Kersten. Sitzend: Greifeld Gutsch, Nerrlich, Kern, Meyer, Braune, Seeländer.

Abb. 17 Das Lehrerkollegium des Kgl. Luisen-Gymnasiums im Sommer 1901. Photo aus: Das Staatliche Luisengymnasium zu Berlin-Moabit 1882–1932 (s. Anm. 283).

2. Datum des Reifezeugnisses: *10. August 1877 an der ‚Lateinischen Hauptschule' zu Halle a/S.; zur Zeit der Reifeprüfung beheimatet in Oberweinberge Kreis Züllichau.*

3. Datum des Zeugnisses jeder Lehramtsprüfung:

a) *23. Mai 1882, erste Prüfung: Griechisch u. Lateinisch bis Ober-Prima, Religion bis Ober-Tertia, Geschichte und Geographie bis Quarta*

4. Antritt des Probejahres: *Anfang August 1882, Gelehrtenschule des Johanneums zu Hamburg. Vergütung: als Hilfslehrer: mit 2400 M p(er) a(nnum) besoldet. Datum der Anstellungsfähigkeit: Michaelis 1883*

5. Datum der ersten festen Anstellung: *1.4.1892*

6. Datum der Charakterisierung als Professor: *27.1.06*; Datum der Verleihung des Ranges der Räte IV. Klasse: *12.3.06.*

8. Akademische Titel: *zum Doctor philosophiae promovirt am 16. Juli 1881 zu Berlin.*

9. Amtliche Stellung:

A) Vor der festen Anstellung: *Kgl. Wilhelmsgymnasium in Berlin, Wissenschaftlicher Hilfslehrer vom Ostern 1900 bis Michaelis e(iusdem) a(nni). Besoldung: 850 M.*

B) Nach der festen Anstellung: *Luisen-Gymn(asium) Berlin, als Oberl(ehrer) vom 1.4.01 bis* [Datum fehlt]. *Gehalt: 2700 M(ark), + 900 M(ark) W(ohngeld)-Z(uschuss)*

14. Bemerkungen: *Vereidigt am 16. Juni 1900. Witwer. 6.3.06 wieder verheiratet.*

Im ersten Jahr als Oberlehrer gibt er, wie den Jahresberichten zu entnehmen ist, im Sommerhalbjahr 1902 in der Unter-Tertia acht Wochenstunden Latein, zwei Religion, sechs Griechisch, wobei behandelt wurden „Regelmäßige Formenlehre nach Kaegi, Deklination der Verba pura non contracta, der Verba muta und liquida; Lektüre nach Bellermann's Griech. Lesebuch. Vokabellernen im Anschluß daran." Aber schon in diesem Jahresbericht und in den meisten folgenden finden sich in den Kapiteln II: „Verfügungen und Mitteilungen der vorgesetzten Behörden", und III: „Chronik der Anstalt", regelmäßig Hinweise auf eine Beurlaubung Pomtows: „Beurlaubt war wegen Krankheit Herr Oberlehrer Dr. Pomtow vom Mai bis Oktober 1903"; 12.April 1904: „Oberlehrer Dr. Pomtow wird zum Zwecke wissenschaftlicher Reisen und Arbeiten für ein Jahr beurlaubt" (verlängert auf ein weiteres Jahr am 5. Juni 1905); 1906/07 „beurlaubt"; 8. April 1907: „Professor Dr. Pomtow erhält zum Zweck wissenschaftlicher Reisen und Arbeiten Urlaub bis Ostern 1908", dasselbe „für ein weiteres Jahr" (1908/09) und „auf ein weiteres Jahr" (1910/11), und im Jahresbericht 1914/15 heißt es schließlich: „18. 4. 1914: Prof. Dr. Pomtow wird aus Gesundheitsgründen weiter beurlaubt."

Es zeigt sich, dass Pomtow nur in den Jahren 1900/01 als Hilfslehrer und 1901/02 als Oberlehrer jeweils ein ganzes Jahr am Gymnasium gearbeitet hat; später 1902 nur das Sommerhalbjahr, und 1903/04 nur das Winterhalbjahr. Zweifellos war der Schuldienst für ihn ein ungeliebtes Übel, und in seinen Verhandlungen mit der Akademie spielt der Punkt, durch Fürsprache der Akademie vom Schuldienst befreit zu werden,[279] eine sicher ebenso große Rolle wie der, die Verfügung über sein wissenschaftliches Material zu behalten. So erklärt sich mancher Kompromiss, den Pomtow eingeht, oder die geringe Bezahlung für sein delphisches Corpus, auf die er sich einlässt.

279 Als Beispiele: Brief Pomtows an Hiller v. Gaertringen vom 14. Februar 1910: „Dass Fr(edrich) zur Fertigstellung des Bandes [IG XII 8] Erleichterungen seitens des Ministerii erhielt, freut mich besonders, – es schien mir sonst auch unmöglich, solche Corpusarbeit neben dem Schulamt zu vollenden, (Kirchner bietet eine unerreichte Ausnahme) – und das Ministerium sieht doch, welche Resultate gerade diese Beurlaubungen – von Fredrich, Brückner, Wellmann, Kirchner und mir – zur Folge haben." Vier Jahre später, am 16. Januar 1914: „Wäre eine Urlaubsbefürwortung durch die Akademie nicht im Bereich des Möglichen, so müsste ich – wozu man mir schon vorige Ostern im Ministerium riet – endlich ½ Jahr Krankheitsurlaub nehmen, um mich gründlich auszukurieren nach diesen 8 delphischen Campagnejahren; ... Sie wissen, dass ich nicht aus Eigennutz bitte, sondern nur, um der Wissenschaft diese †††Delphica zu machen, deren crux kein Anderer auf sich nehmen kann." Und dringlicher noch drei Tage später: „ ... dass Delphi mit und ohne Sylloge wichtig genug ist, um eine Empfehlung zu verdienen. Es hängt ja meine fernere wissenschaftliche Existenz grossenteils von diesem Urlaub ab, – und ich habe doch der Akademie gedient wo ich konnte."

Klaus Hallof

Anhang II: Pomtows Porträt

Etwa 220 Briefe und Postkarten von Pomtow an Hiller von Gaertringen aus der Zeit von 1894 bis 1920 belegen ein enges, über viele Jahre, besonders bei der gemeinsamen Arbeit an der 3. Auflage der *SIG*, sehr intensives Verhältnis zwischen den beiden Gelehrten, die zusätzlich die gemeinsame schlesische Herkunft verband.[280] Trotzdem hat Pomtow bei seinem Tod am 24. März 1925[281] seinen wissenschaftlichen Nachlaß nicht Hiller als dem amtierenden wissenschaftlichen Beamten am griechischen Inschriftenwerk der Akademie (von 1903–1929), sondern dem jungen Günther Klaffenbach vermacht, der seit Oktober 1920 als Studienrat am Kleist-Realgymnasium tätig war, wo er u.a. Französisch unterrichtete, den aber damals bereits sein Doktorvater Wilamowitz für die Nachfolge Hillers vorgesehen und 1924 mit der Bearbeitung des Corpusbandes für Mittelgriechenland (IG IX 1) betraut hatte.

Offenbar wollte Pomtow die direkte Schenkung an die Akademie vermeiden, doch sicher war abgesprochen, dass Klaffenbach den wissenschaftlichen Nachlass, d. h. vor allem die Delphica, dem IG-Archiv übergeben würde (siehe oben S. 104). Er tat dies bereits einen Monat nach Pomtows Tod, und dies geschah zum Glück für die kostbaren Materialien. Denn das Archiv der Inscriptiones Graecae war im II. Weltkrieg ausgelagert worden und kam schon im Dezember 1945 ohne nennenswerte Verluste in das Akademiegebäude Unter den Linden 8 zurück. Dagegen war Klaffenbachs Haus in der Prausestrasse 2/4 in Berlin Lichterfelde-West Anfang 1945 durch Bomben zerstört und seine Biblio-

280 Hillers Familie war im Besitz des Gutes Reppersdorf in Schlesien, und dem Gymnasium im nahe gelegenen Jauer verdankte er seine humanistische Ausbildung. Pomtow hatte 1898 das Haus seines Urgroßvaters in Oberweinberge, Kreis Züllichau, übernommen und bewohnte es in den Sommermonaten.

281 Pomtow starb kinderlos am 24. März 1925 in Berlin. Sein Sohn Walter (geboren am 23. Dezember 1885; von 1897–1901 Schüler am Wilhelms-Gymnasium Eberswalde, 1901–1904 am Luisen-Gymnasium Berlin, wo sein Vater Lehrer war; seit 1904 Student an der Friedrich-Wilhelm-Universität Berlin, wo er 1910 mit der Dissertation „Der ostdeutsche Weinbau“ promoviert wurde) war am 3. September 1916 mit einem Segelboot bei plötzlich aufbrechendem Sturm tödlich verunglückt.

thek Totalverlust geworden.[282] Wenn es überhaupt ein Porträtphoto Pomtows im Besitz Klaffenbachs gegeben haben sollte, dann ist es damals mit zugrunde gegangen. Im Archiv der Inscriptiones Graecae befindet sich jedenfalls keins, so dass nur die vage Möglichkeit bestand, dass im Zusammenhang mit Pomtows Tätigkeit als Lehrer ein Photo entstanden sein könnte. Die Chance war freilich gering, da Pomtow ja insgesamt nur drei Jahre im Schuldienst tätig gewesen war.

Ein dem XXV. Jahresbericht des Kgl. Luisen-Gymnasiums für das Schuljahr 1906/7 beigegebener „Rückblick auf die ersten 25 Jahre der Anstalt" des Oberlehrers Carl Ganzel erwähnt zwar Pomtow unter den Lehrern, kommt aber ganz ohne Bilder aus. Um so erfolgreicher war die Suche in der etwas üppiger ausgestatteten Festschrift zum 50jährigen Jubiläum des nunmehr Staatlichen Luisengymnasiums (1932),[283] das tatsächlich ein Photo des Lehrerkollegium von 1901 mit namentlicher Nennung der Abgebildeten zeigt, darunter ganz links den bärtigen Pomtow. Es ist dies das einzige gesicherte Porträt Hans Pomtows.

Abb. 18 Hans Pomtow. Detail aus Abb. 17.

Abb. 19 Walter Pomtow. Detail aus Abb. 20.

282 In seinem ersten Brief nach dem Krieg an Louis Robert (vom 7. April 1946) bemerkt er immerhin: „Gottlob hatte ich aber die allerwichtigste Literatur, insbesondere epigraphische und historische, in den Keller gebracht, und sie hat dort dem Abbrennen des Hauses standgehalten."

283 Werner Rust – Maximilian Vettin – Carl Ganzel: *Das Staatliche Luisengymnasium zu Berlin-Moabit 1882–1932*. Band 1: *Lehrer und Schüler* (44 S.), Band 2: *Chronik*, Berlin 1932.

Abb. 20 Die ‚Julier'. Photo von Walter Pomtow, 1906 Nr. 206. Archiv IG.

Dieses Photo schien nun eine weitere Identifizierung zu ermöglichen. Zum wissenschaftlichen Nachlaß Pomtows im Archiv der IG gehören mehr als dreihundert Photographien, die Negative zum größten Teil noch auf Glasplatten, deren Abzüge in große Photoalben eingesteckt sind. Am Schluß liegt ein Umschlag mit sieben Photos von Personen, wovon nur eines beschriftet war (das des Ephoros Kontoleon und Familie, Abb. 12). Eines dieser Photos zeigt vier Männer, und aufgrund äußerer Ähnlichkeit hatte ich früher einmal einen dieser Herren als den jungen Pomtow aus dem Jahre 1887 (?) identifizieren zu können geglaubt.[284] Inzwischen ist allerdings in einem der vielen Kästen des Pomtowschen Nachlasses ein Notizheft zu Tage gekommen, das ein Verzeichnis dieser Photographien enthält und zugleich den Schlüssel für die verschiedenfarbigen Nummern, die mit den Farben zugleich das Jahr und den Autor der Photographien bezeichnen. Es bedeuteten nämlich rote Nummern: Georg Karo 1900/01; violett: Walter Pomtow 1906; grün: Heinrich Lattermann 1908; blau: Walter

284 K. Hallof, *Imagines Epigraphicorum. Epigraphikerbildnisse.* Berlin-Brandenburgische Akademie der Wissenschaften 2012, S. 29.

Pomtow 1910. Das Photo der jungen Männer trägt die violette Nummer 206, ist also im Jahre 1906 von Pomtow filius angefertigt worden, und hat den Titel: Die ‚Julier'. Was auch immer dies heißt, der abgebildete junge Mann kann nicht der damals bereits 47jährige Vater Hans, sondern muss der 21jährige Sohn Walter sein.

Teil II: Die deutsch-französische Zusammenarbeit bei der Edition der Inschriften von Delos

„Warum gehen wir nicht von der Hypothese aus,
daß wissenschaftliche Tätigkeit und Forschung sich
grundsätzlich erst einmal im nationalen Rahmen entwickeln,
und fragen lieber, was denn von Fall zu Fall
zu internationaler Zusammenarbeit geführt hat?"
(Brigitte Schroeder-Gudehus)

Während die meisten anderen Beiträge zu dem Forschungsvorhaben ‚S'écrire et écrire'* sich mit den Briefen zwischen zwei Gelehrten oder auch mit dem Beziehungsnetz eines Gelehrten beschäftigen, wie es sich in seiner gesamten Korrespondenz spiegelt, ist unsere Untersuchung problemorientiert angelegt. Indem wir danach fragen, wie es zu der Zusammenarbeit der Akademien von Berlin und Paris bei der Edition der Inschriften von Delos gekommen ist, wie sie sich realisierte und warum sie dann abgebrochen wurde, wollen wir gleichzeitig die Bedeutung von Briefwechseln als Quelle für die Wissenschaftsgeschichte in einer anderen Weise aufzeigen. Es wird deutlich werden, dass nahezu sämtliche Etappen des Geschehens nur durch ein Mosaik von Briefen zwischen vielen verschiedenen Wissenschaftlern zu rekonstruieren sind, die sich in ganz unterschiedlichen Archiven befinden. Andere Quellen, wie gleichzeitige Publikationen, Memoiren oder Akten dürfen darüber nicht vernachlässigt werden, spielen demgegenüber aber eine untergeordnete Rolle, zumal wenn man berücksichtigt, dass auch die in Betracht kommenden Akten im Wesentlichen wieder aus (amtlichen) Briefen bestehen. Das gilt indes nicht nur für die Vorgänge selbst, sondern erst recht für die dahinterstehenden Überlegungen der Beteiligten. Sie äußern sich oft erstaunlich freimütig dazu, wie es eben in der Intimität eines Briefwechsels eher möglich war als in öffentlichen oder gar in offiziellen Verlautbarungen.

I

Hatten bei der Gründung des *Istituto di corrispondenza archeologica* in Rom im Jahre 1829 Gelehrte verschiedener Länder, gerade auch deutsche und französi-

* Dies ist eine etwas erweiterte Fassung eines Aufsatzes, der zuerst erschienen ist in: Corinne BONNET – Véronique KRINGS (Hrsg.), *S'écrire et écrire sur l'Antiquité. L'apport des correspondances à l'histoire des travaux scientifiques*, Grenoble 2008, 229–246 und in: Jürgen VON UNGERN-STERNBERG, *Les chers ennemis. Deutsche und französische Altertumswissenschaftler in Rivalität und Zusammenarbeit*, Stuttgart 2017, 185–201. – Das Zitat stammt aus dem in Anm. 80 zitierten Aufsatz von B. Schröder-Gudehus. Bei der Benutzung der Pariser Archive ist sehr hilfreich: Gabriele LINGELBACH, „L'histoire de la science historique française à travers les archives parisiennes: guide de recherche", Francia 28/3, 2001, 111–137.

https://doi.org/10.1515/9783111560847-002

sche, zusammengewirkt, so wurde bald darauf im Zeitalter des Nationalismus der durchaus fortwirkende Gedanke der Zusammenarbeit durch den des Wettstreits, ja der Rivalität, überlagert. Seit 1846 begann Frankreich die École française d'Athènes aufzubauen, neben die 1874 das Deutsche Archäologische Institut in Athen trat.[1] Als dieses seit 1876 die *Mittheilungen des Deutschen Archäologischen Instituts in Athen* (AM) herausgab, insistierte Albert Dumont (1842–1884)[2] als Direktor in Paris auf einer französischen ‚Parallelaktion', was ein Jahr später zur Gründung des *Bulletin de Correspondance Hellénique* (BCH) führte.[3] Hübsch ist es dann, kurz darauf aus einem weiteren Brief von Dumont an den Minister zu erfahren, dass der mit Dumont persönlich befreundete Direktor des deutschen Instituts, Ulrich Köhler (1838–1903), ihm einen Teil der Drucktypen zur Verfügung gestellt habe, die er wiederum nun zu beiderseitigem Nutzen ergänzen wolle.[4] Bereits hier wird deutlich, dass das Argument der nationalen Rivalität von den Gelehrten auch als Argumentationshilfe eingesetzt wurde, um bei den politischen Instanzen höhere Finanzzuwendungen zu erreichen.

Aber natürlich ging es in hohem Maße um das eigene Prestige und man beobachtete aufmerksam die Tätigkeit, besonders die Erfolge, des anderen. Als etwa Heinrich Schliemann in Mykene seine sensationellen Entdeckungen machte, berichtete Dumont darüber dem Minister sogleich auf nicht weniger als acht Seiten,[5] wie er ihm kurz zuvor einen Bericht eines Konsularbeamten aus Patras über die deutschen Grabungen in Olympia übermittelt hatte.[6]

---

1 S. die umfangreiche Dokumentation in: *BCH* 120, 1996; Lothar Wickert, *Beiträge zur Geschichte des Deutschen Archäologischen Instituts von 1879 bis 1929*, Mainz 1979; Ulf Jantzen, *Einhundert Jahre Athener Institut 1874–1974*, Mainz 1986. Zu den weiteren Zusammenhängen: Suzanne L. Marchand, *Down from Olympus. Archaeology and Philhellenism in Germany, 1750–1970*, Princeton 1996; Ève Gran-Aymerich, *Naissance de l'archéologie moderne 1798–1945*, Paris 1998.

2 Zu diesem Ève Gran-Aymerich, *Dictionnaire biographique d'archéologie 1798–1945*, Paris 2001, 233–235.

3 S. etwa den ausführlichen Brief von Dumont an den Minister vom 19. Mai 1876 (AN F/17/4109).

4 Brief Dumont an Minister vom 20. Oktober 1876 (AN F 17/4112); zu diesem Thema s. auch Klaus Fittschen, "L'École française d'Athènes et l'Institut archéologique allemand", *BCH* 120, 1996, 491 mit Anm. 37.

5 Brief vom 21. Februar 1877 (AN F 17/4105); vgl. den Bericht des französischen Konsulats in Smyrna an den Außenminister vom 2. September 1879 über die Entdeckung des Pergamonaltars durch Carl Humann (AN F 17/4105).

6 Brief vom 10. Juni 1876 (AN F 17/4105). Ein weiterer Brief von Paul Foucart an den Minister vom 2. Juli 1879 berichtet über den höflichen Empfang zweier jüngerer französischer Archäologen in Olympia, wo man deutscherseits die Hoffnung auf eine französische Grabung in Delphi zum Ausdruck gebracht habe (AN F 17/4109).

Es war gerade diese groß angelegte und bald aufsehenerregende Ergebnisse zutage fördernde Unternehmung des Deutschen Reiches unter der Leitung von Ernst Curtius (1814–1896)[7] seit 1876, die den französischen Wunsch nach einem gleichermaßen prestigeträchtigen Unternehmen weckte.[8] Ein erster Anlauf waren die Grabungen auf der Insel Delos seit 1873, aber erst die 1892 einsetzende ‚Grande fouille' im altberühmten Heiligtum von Delphi erwies sich als das geeignete Pendant zu Olympia, das denn auch mit reichen Funden aufwarten konnte.[9]

Funde sollten aber auch angemessen publiziert werden. Und dies war die Achillesferse der französischen Unternehmungen, die personell und finanziell zu knapp ausgestattet waren.[10] Während 16 Jahre nach Grabungsende (1881) die endgültige Publikation von Olympia bereits vorlag,[11] ließ Vergleichbares für Delos und Delphi in zunehmend peinlicher Weise auf sich warten.

Ein besonderes Problem aber stellte sich hinsichtlich der Inschriften. Hier waren in Berlin seit langem die großen Corpora in Arbeit: das von August Boeckh (1785–1867) begründete und von Adolf Kirchhoff (1826–1908) weitergeführte *Corpus Inscriptionum Graecarum* (CIG) und das von Theodor Mommsen (1817–1903) geleitete *Corpus Inscriptionum Latinarum* (CIL). Angesichts von deren Anspruch auf Vollständigkeit und Endgültigkeit musste jeder anderen Publikation von vornherein nur der Charakter des Vorläufigen zukommen. Von daher ist es zu erklären, dass die lateinischen Inschriften Nordafrikas schon seit 1882 durch René Cagnat zusammen mit Johannes Schmidt und Hermann Dessau (1856–1931) in den Supplementbänden zu CIL VIII publiziert wurden, nachdem eine frühere Zusammenarbeit mit Léon Renier durch den Krieg 1870/71 abgebrochen worden war.[12] Für die entsprechenden Funde in Griechenland

---

7 Karl CHRIST, *Von Gibbon zu Rostovtzeff. Leben und Werk führender Althistoriker der Neuzeit*, 3. Auflage, Darmstadt 1989, 68–83.

8 Gerade auch zur Verflechtung der Grabungen mit Politik und Publizistik s. die Beiträge in: Helmut KYRIELEIS (Hrsg.), *Olympia 1875–2000. 125 Jahre deutsche Ausgrabungen*, Mainz 2002.

9 *La redécouverte de Delphes*, Paris 1992; bes. Rosina KOLONIA, "L'écho de la Fouille", 194–202; vgl. Anne JACQUEMIN (Hrsg.), *Delphes cent ans après la Grande Fouille. Essai de bilan*, Athen 2000.

10 S. dazu etwa Homolle an den Minister am 7. Juli 1898 (AN F 17/4109). Interessant dazu der Zeitungsartikel von Georges Clemenceau zum 50-jährigen Jubiläum ‚Comment fêter L'École d'Athènes' (AN F 17/13596: leider ohne Datum und Herkunftsangabe; wohl 1896); vgl. Jean-Noël JEANNENEY, „Clémenceau et la Grèce", *Vingtième siècle. Revue d'histoire* 58, 1998, 3–12 (Hinweis von Peter Schöttler).

11 Die Inschriften in: Wilhelm DITTENBERGER – Karl PURGOLD, *Olympia* V: *Die Inschriften von Olympia*, Berlin 1896.

12 Jürgen VON UNGERN-STERNBERG, "Theodor Mommsen und Frankreich", in: *Les chers ennemis. Deutsche und französische Altertumswissenschaftler in Rivalität und Zusammenarbeit*, Stuttgart 2017, 150–152.

war derartiges zunächst nicht in Ausssicht genommen, obwohl gerade im Falle von Delphi von vornherein klar war, dass die Frage in irgendeiner Weise angegangen werden mußte. Hierfür war nämlich im Juli 1887, also geraume Zeit vor Beginn der ‚Grande fouille', Hans Pomtow von der Berliner Akademie mit der Edition der damals sichtbaren Inschriften beauftragt worden und hatte auch in mehreren Reisen die Bearbeitung vorangebracht.

II

Dem Leiter der Ausgrabungen in Delos und dann in Delphi, Théophile Homolle (1848–1925, Abb. 4),[13] ist diese Problematik offenbar schon früh deutlich geworden. Einen ersten Hinweis darauf geben seine Briefe an Theodor Mommsen, mit dem er wegen dessen Sammlung der lateinischen Inschriften des Ostens seit 1882 in Verbindung gekommen war.[14] Nachdem er in einem Brief vom 4. Januar 1887 noch einen Vertrag mit einem Verlag über die Publikation der delischen Inschriften in Aussicht genommen hatte, hat er im November bei einem Besuch in Berlin anlässlich seiner Ernennung zum korrespondierenden Mitglied der Akademie mit Mommsen über die Aufnahme in das CIG gesprochen.[15] In weiteren Briefen vom 15. Dezember 1891 und 17. August 1892 bedauert er dann die Verzögerungen wegen Delos, gleichzeitig wird in dem letzteren Brief seine Sorge wegen der konkurrierenden Publikationen der delphischen Inschriften deutlich.

Am 6. Juli 1893 machte er dann den Minister erstmals auf das Problem der Veröffentlichung der Inschriften aufmerksam: die deutsche Edition in dem CIG werde definitiv sein und alle französischen Vorveröffentlichungen ersetzen.[16] In einem langen Schreiben vom 7. Mai 1897 kam Homolle dann darauf zurück:

> „J'ai eu l'honneur de vous exposer plus d'une fois les difficultés qui résultent pour nous de la concurrence allemande; je suis persuadé qu'on pourrait y mettre fin par un accord également avantageux à nos intérêts, à ceux de l'Académie de Berlin et de la science allemande.

---

13 Gran-Aymerich, *Dictionnaire* (Anm. 2), 347–348.

14 Die Briefe befinden sich im Nachlass Mommsen in der Staatsbibliothek zu Berlin.

15 Der Brief vom 29. November 1887 deutet das nur an; in einem weiteren Brief vom 22. Oktober 1888 ist aber von dem Versprechen die Rede, das ihm Gustave Fougères hinsichtlich des Corpus gegeben habe; die Briefe an Mommsen vom 15. Dezember 1891 bzw. an den Minister vom 7. Mai 1897 (AN F 17/13598) blicken dann auf die Verhandlungen mit Mommsen 1887 in Berlin zurück.

16 Mit diesem Brief beginnt der Inhalt eines großen Umschlags beschrieben mit „Inscriptions de Delphes et de Délos", der innerhalb der Akte AN F 17/13598 einschlägige Materialien in sich vereint. In ihm auch die folgenden Schreiben.

Il ne peut être qu'honorable de prendre une part et aussi large que possible dans la composition de *Corpus* des inscriptions grecques, qui sera dans l'avenir le monument de l'érudition du XIXe siècle."

Homolle verweist dann auf die bereits bestehende Zusammenarbeit innerhalb des CIL und berichtet über seine Verhandlungen mit Mommsen seit 1887, um schließlich die Vollmacht für Verhandlungen mit der Berliner Akademie über die Publikation der Inschriften von Delos und Delphi zu erbitten. Der Minister wies in seiner Antwort vom 28. Mai 1897 diesen Vorschlag kategorisch zurück. Weder die Gelehrtenwelt noch das Parlament würden es verstehen, wenn die epigraphischen Entdeckungen aus französischen Grabungen nicht auch hier veröffentlicht würden.

Dabei blieb es nach einigem Hin und Her bis in das Jahr 1899 hinein, als ein Vorstoß aus Berlin die Lage veränderte.[17] Am 2. Mai 1899 bat der damalige Leiter des griechischen Inschriftenwerkes, Adolf Kirchhoff (1926–1908), Friedrich Freiherrn Hiller von Gaertringen (1864–1947) anlässlich seiner Reise nach Athen, er solle doch dort mit Homolle über die Bedingungen sprechen, unter denen er die Bearbeitung der Inschriften von Delos für das Berliner Corpus übernehmen würde. Im Falle einer Einigung würde dann die epigraphische Commission eine offizielle Anfrage an ihn richten.[18]

Danach ging alles recht schnell. Am 24. August 1899 konnte Homolle dem Minister nicht nur das Angebot der Berliner Akademie mitteilen; er hatte sich auch bereits der Zustimmung aller Kollegen in der Akademie zu diesem Projekt versichert.[19] Daraufhin wurde er für eine Reise nach Berlin autorisiert, um mit der Berliner Akademie den Vertrag auszuhandeln. Auf diese Verhandlungen im Oktober brauchen wir hier ebenso wenig einzugehen, wie auf die verschiedenen Stadien der Ratifizierung des Abkommens in Berlin und Paris in den nächsten Monaten. Entscheidend ist, dass man sich darauf einigte, die Inschriften von Delos (samt Rhenaia und Mykonos) und Delphi sollten von französischen Gelehrten – im Falle von Delphi in Zusammenarbeit mit Pomtow – unter dem Patronat der Académie des Inscriptions et Belles-Lettres im Rahmen des CIG in Berlin herausgegeben werden.

---

17 Sehr wahrscheinlich hat man in Berlin von den (einstweilen fehlgeschlagenen) Plänen von Homolle Kenntnis gehabt; vgl. den Brief von Wilamowitz an Diels vom 3.10.1897 in: Maximilian Braun – William M. Calder III – Dietrich Ehlers (Hrsg.), *„Lieber Prinz". Der Briefwechsel zwischen Hermann Diels und Ulrich von Wilamowitz-Moellendorff (1869–1921)*, Hildesheim 1995, 171, und den Brief von Holleaux an Hiller vom 7. November 1897 (Archiv IG).

18 Brief im Archiv IG.

19 AN F 17/13598. Foucart war aber wohl nicht informiert worden; vgl. Anm. 34.

III

Im Falle von Delphi hat die in Aussicht genommene Zusammenarbeit keinerlei Früchte getragen; ganz im Gegenteil, es folgten vielfältige Querelen und Zwistigkeiten. Wie es dazu gekommen ist, das ist eine Geschichte für sich, die im ersten Kapitel dieses Buches ausführlich erzählt wurde. Hinsichtlich von Delos geschah zunächst auch nichts. Die Dinge nahmen aber eine neue Wendung, als Maurice Holleaux (1861–1932, Abb. 21)[20] im Jahre 1904 Direktor der École française d'Athènes wurde und zugleich die Verantwortung für die Grabungen auf Delos übernahm. Finanziell großzügig gefördert durch den Duc de Loubat, sorgte er für eine planmäßige Erforschung der Insel und zugleich für die zügige Publikation der Ergebnisse in archäologischer Hinsicht.[21]

Abb. 21 Maurice Holleaux (1861–1932). Gedenkplakette am Archäologischen Museum Delos. Photo S. Prignitz.

20 Gran-Aymerich, *Dictionnaire* (Anm. 2), 345–347.

21 *Exploration archéologique de Délos*, Paris 1909 ff.

Sein vorzügliches Augenmerk galt aber der Edition der Inschriften. Verschiedene Gründe haben dabei mitgespielt. Zum einen war Holleaux selbst ein hervorragender Epigraphiker, also daran besonders interessiert; zum anderen war er aber von vornherein gewillt, die vertragliche Vereinbarung mit der Berliner Akademie auch tatsächlich zu erfüllen. Er hatte schon früh wissenschaftliche Beziehungen zu deutschen Gelehrten gesucht, etwa mit Wilamowitz;[22] mit Hiller von Gaertringen war er in regem Briefwechsel freundschaftlich verbunden.[23]

Wilamowitz hatte ihm denn auch zur Übernahme der Direktion in Athen gratuliert,[24] und Holleaux antwortete ihm sogleich in einem achtseitigen Brief aus Paris am 9. Mai 1904, noch vor seiner Abreise nach Griechenland.[25] Von vornherein macht er deutlich, dass ihm wie seinem Adressaten an einer guten Zusammenarbeit sehr gelegen war:

> „La phrase excellente, que je lis dans votre lettre: ‚Das treffliche Einvernehmen, wie es bisher zwischen den einzelnen Schulen – und zu (sic!) Berliner Akademie bestand, wird ungetrübt weiter bestehn' doit être considérée comme le premier article de mon programme."

Holleaux kommt dann zu den geplanten Inschrifteneditionen. Hinsichtlich derer von Delphi müsse er ihm in Abstimmung mit dem Minister erklären, dass ihre Publikation ganz Homolle und seinen Mitarbeitern (Bourguet, Colin usw.) überlassen bleibe. Etwas im Stil eines Orakels bemerkt er: „Je n'entends ni les frauder de l'honneur qui leur revient, ni porter la responsabilité qui est la leur."

Anders stehe es im Falle von Delos, wo die methodischen Ausgrabungen erst seit 18 Monaten im Gange seien. (Das implizite Urteil über die früheren ist evident.) Jetzt habe er mit Homolle das Programm für die nächste Zeit abgesprochen. Ausführlich legt Holleaux dann das beabsichtigte Verfahren für die Edition der Inschriften dar, wie er es mit Felix Dürrbach (1859–1931, Abb. 26), dem Mitarbeiter von Homolle,[26] entwickelt hatte, den er zu diesem Zweck eigens aus Toulouse nach Paris hatte kommen lassen. In etwa drei Jahren werde

22 Der erste Brief im Nachlaß Wilamowitz datiert vom 5. Januar 1894 (GÖ Cod.Ms. 630).

23 Briefe seit 1893 im Archiv IG. [Leider finden sich IF Fonds Louis Robert von Hiller an Holleaux nur ein Brief vom 29. Januar 1914 und eine Briefkarte vom 21. Dezember 1930.]

24 Der Wahlvorschlag der *Commission des Écoles françaises d'Athènes et de Rome* vom 5. Februar 1904 und die vorangehende Diskussion wegen der noch fehlenden Thèse: AIF 14 G 3. Zu den Hintergründen – aufgrund der Briefe im Nachlass von Holleaux, die ihm Louis Robert zur Verfügung gestellt hatte – Mario ROQUES, "Notice sur la vie et les travaux de M. Maurice Holleaux", *CRAI* 1943, 41–46. Daraus wird ersichtlich, dass Homolle die Wahl gegen den Widerstand vor allem von Foucart durchgesetzt hat.

25 Der Brief ist irrtümlich in das Dossier Haussoullier geraten (GÖ Cod.Ms.530); vgl. auch die Postkarten von Holleaux an Hiller vom 11. März, 22. März und 12. Mai 1904 (Archiv IG).

26 „Mon ami Dürrbach, qui, dans l'affaire de Delos, est *l'alter ego* d'Homolle." – womit die Kontinuität gewahrt war.

das *Corpus* fertig sein, falls nicht die Ergebnisse der methodischen Erforschung es verzögerten.

Es ist bemerkenswert, dass Dürrbach sich schon von sich aus an Wilamowitz gewandt und diesem seinen Grabungsbericht für das Jahr 1902 zugesandt hatte. Das geht aus seinem Brief vom 12. Mai 1904 hervor, in dem er Wilamowitz über seine geplanten Arbeiten berichtete. Auch er selbst betont übrigens seine Nähe zu Homolle.[27]

Am Ende des Jahres 1904 konnte Holleaux seinem Freunde Hiller über seine erfolgreichen Grabungen Bericht erstatten. Das Inschriftencorpus komme allerdings nicht im gewünschten Tempo vorwärts:

> „Ce que j'aurai à vous[28] dire sera *très confidentiel,*[29] et vous me permettrez tous deux de me reposer sur votre discrétion et votre amitié. Je pense que j'aurai besoin de votre concours pour résoudre certains difficultés, que je prévois et dont je m'afflige."

Erfreulich sei andererseits, dass Dürrbach im nächsten Jahr an der Revision der Inschriften weiterarbeiten werde.

Mit den vertraulich angedeuteten Schwierigkeiten meinte Holleaux die Tatsache, dass sich Homolle nicht nur die Publikation der Inschriften von Delphi, sondern auch die von Delos ausdrücklich vorbehalten hatte. Es bedurfte mehrerer Vorstöße und zuletzt eines sehr diplomatischen Briefes vom 18. Oktober 1905, damit Holleaux die Einwilligung Homolles erlangen konnte, die Dossiers zu übergeben. Dabei sicherte er seine persönliche Unterstützung des Editionsvorhabens in völliger Anonymität zu. Dies bedeutete freilich nicht nur einen Verzicht auf Prestige, sondern auch für die Zukunft, dass Holleaux immer nur im Hintergrund agieren konnte.[30]

In seinem Bericht an den Minister für das Jahr 1905/06 verweist Holleaux auf die Tätigkeit von Dürrbach, Jardé und Roussel für das *Corpus* von Delos.[31] Aber die Arbeiten kamen langsam voran, wie auch Dürrbach in einem Brief an Wilamowitz vom 21. Oktober 1906 in einer ausführlichen Darstellung ihres Umfangs und ihrer Schwierigkeiten einräumen musste.[32] Er verweist freilich mit Recht darauf, dass er auch andere Aufgaben bei der Grabung zu erfüllen hatte. Zu bedenken ist ferner, dass die französischen Gelehrten diese Forschungen

27 „M. Homolle a bien voulu m'adjoindre à lui comme collaborateur du *Corpus Deliacum*": GÖ Cod.Ms.296.

28 Archiv IG; gemeint sind Hiller und Wilamowitz.

29 Doppelt unterstrichen.

30 Roques, "Notice" (Anm. 24), 56–58.

31 AIF 14 G 3.

32 GÖ Cod.Ms.296.

neben ihren universitären Verpflichtungen zu betreiben hatten, also immer nur in einem Teil des Jahres. Trotzdem empfanden viele auch in Frankreich den Zustand zunehmend als prekär. Dürrbach spricht das offen an:

„Nous nous rendons bien compte, à Athènes et en France, que l'opinion à l'étranger est inquiète et même sévère pour les grosses entreprises où l'École Française s'est engagée: les derniers *Delphica* de Pomtow dans la *Berliner Wochenschr.* du 15 sept. 1906 ne nous laissent pas beaucoup d'illusions [...] et nous savons de reste que nous ne sommes pas sans reproches!"

Paul Foucart (1836–1926)[33] bemerkt in einem Brief an Wilamowitz nebenbei: „Serez-vous plus heureux que je ne l'ai été dans mes réclamations au sujet des inscriptions de Delphes et de Délos?"[34]

Am deutlichsten aber hat sich Holleaux in einem Brief vom 31. Januar 1908 an Georges Perrot (1832–1914), seit 1904 secrétaire perpétuel de l'Académie des Inscriptions et Belles-Lettres,[35] ausgesprochen.[36] Es ging um das Angebot, eine neue Grabung zu finanzieren. Holleaux reagiert heftig:

„Depuis 25 ans, l'École a commencé 9 fouilles importants; elle *n'en a pas achevé une seule* (car pour les gens au courant, Delphes même n'est pas terminée), *elle n'en a pas publié une seule.* Il est temps de rompre avec une tradition qui nous fait honte et qui ameute contre nous l'opinion du monde archéologique."

Erst einmal gelte es, die Grabungen in Delos abzuschließen und zu publizieren. Andernfalls – und nun formuliert Holleaux pointiert:

„Vous ne saurez jamais le tort cruel qu'a fait à l'École et même à la France la lamentable banqueroute de Delphes. On nous prépare aujourd'hui dans les meilleures intentions du monde [...] la banqueroute de Délos."[37]

Anschließend kommt er auf die mangelnde Finanzierung der Inschriftenedition zu sprechen und bittet um die Hilfe der Akademie. Sie solle doch *consilio et*

33 Gran-Aymerich, *Dictionnaire* (Anm. 2), 271–272.

34 GÖ Cod.Ms. 379. Zu dem Zusammenstoß zwischen Foucart und Homolle in den Sitzungen der *Commission des Écoles françaises d'Athènes et de Rome* am 29. Januar und 5. Februar 1904 s. AIF 14 G 3 und den Brief von Homolle an den Minister vom 6. Januar 1904: AN F17/13598. Erstaunlicherweise scheint Foucart damals nichts von dem Abkommen der Akademien gewusst zu haben.

35 Gran-Aymerich, *Dictionnaire* (Anm. 2), 521–523

36 AIF 14 G 3.

37 Der Minister sah es nicht anders; vgl. seinen Brief an Homolle vom 11. Juli 1908: BIF Ms.3889; vgl. auch Roques, "Notice" (Anm. 24), 51. Am 19. November 1913 wird Holleaux in einem neunseitigen Brief diesen Vorwurf gegenüber Hiller wiederholen, verbunden mit den heftigsten Angriffen gegen Homolle, der jetzt auch sein Werk auf Delos zugrunde richte: Archiv IG.

auctoritate Academiae Franco-Galliae erscheinen. „Mais le *consilium* et l'*auctoritas* impliquent les *sumptus*."

IV

Obwohl die von Holleaux im Jahre 1904 angedeuteten Schwierigkeiten seitens von Homolle inzwischen überwunden waren, waren er und seine Mitarbeiter vier Jahre später immer noch nicht entscheidend weitergekommen. In dieser Situation ergriff er die Flucht nach vorne und traf am 8. Dezember 1908 mit seiner Frau zu einem Besuch in Berlin ein, wo ihn Wilamowitz noch am gleichen Abend mit Hermann Diels (1848–1922), Hiller und anderen eingeladen hatte.[38] Sein Hilferuf wurde freilich von Diels und Wilamowitz mit großer Zurückhaltung aufgenommen, wie deren Briefwechsel deutlich macht.[39] Offenbar war die Befürchtung groß, in innerfranzösische Konflikte hineingezogen zu werden.[40] Immerhin war die unmittelbare Folge, dass bereits am 17. Dezember Wilamowitz als Erstunterzeichner, Diels und u. a. Eduard Meyer, die Ernennung von Holleaux zum Korrespondierenden Mitglied der Berliner Akademie beantragten. In der Begründung werden seine langjährigen guten Beziehungen zu den deutschen Fachgenossen ebenso unterstrichen wie sein Bemühen um die Edition der delischen Inschriften im Rahmen der *IG*.[41] Die Wahl erfolgte am 25. Februar 1909.

Wiederum trat eine Pause ein, bis sich am 28. Oktober 1909 Dürrbach an Wilamowitz wandte.[42] Nachdem er die Fertigstellung eines Teiles der Inschriften in zwei Jahren in Aussicht gestellt hat, bezieht er sich auf den Berliner Besuch von Holleaux. Dieser frage sich, ob die Pariser Akademie ihre eingegange-

---

38 Briefe von Holleaux an Wilamowitz vom 3. und 12. Dezember 1908: GÖ Cod.Ms. 630 (auf dem ersten sind in der Handschrift Hillers die anderen Gäste vermerkt). Offizieller Anlass der Reise war ein Vortrag vor der Archäologischen Gesellschaft am 9. Dezember 1908; s. die Briefe von Holleaux aus dem Jahre 1908 an Reinhard Kekulé von Stradonitz im Archiv des DAI Berlin.

39 Briefe vom 11., 13. und 14. Dezember, in: *„Lieber Prinz"* (Anm. 17), 242–244.

40 Wilamowitz am 11. Dezember: „... er kam hierher, wie ich mit Sicherheit durchgefühlt habe, weil er, gehörig zur Partei Homolle, also gegen Foucart, Haussoulier, nun auch bei dem ohne Rückhalt ist. Er will unseren Schutz. Für das, was er uns geboten *hat*, ist unser Trumpf zu viel, und wir risciren in Frankreich viel." Wilamowitz war offensichtlich über die Parteiungen in Paris sehr gut informiert.

41 Der Text in: Christa Kirsten (Hrsg.), *Die Altertumswissenschaften an der Berliner Akademie. Wahlvorschläge zur Aufnahme von Mitgliedern von F.A. Wolf bis zu G. Rodenwaldt 1799–1932*, Berlin 1985, 140–141.

42 GÖ Cod.Ms. 296; vgl. den Bericht von Holleaux *CRAI* 1909, 397.

nen Verpflichtungen hinsichtlich der Finanzierung des Druckes erfüllen werde. Dürrbach fügt hinzu:

> „Il y a longtemps que M. Homolle a cessé de répondre à mes lettres, et je ne sais rien ni de ses intentions ni de l'attitude qu'il prendra, le moment venu."[43]

Im Folgenden geht es um die Modalitäten der Publikation. Wilamowitz habe wegen des großen Umfangs des zu erwartenden Bandes bereits einer Publikation in Faszikeln zugestimmt. Und so ist es denn auch gekommen.

Kurz darauf, am 18. November 1909, machte Holleaux in einem Brief an Hiller seine Schwierigkeiten etwas deutlicher: Für die Edition war allein die Pariser Akademie zuständig, sodass er als Direktor der École d'Athènes dazu offiziell gar nichts zu sagen hatte. In seinem Schreiben vom 18. Januar 1910 kommt er darauf ausführlicher zurück[44]:

> „Voici maintenant une chose *confidentielle*, que je tiens à vous dire. Il s'agit du *Corpus* de Délos. Dürrbach, qui est ‚in facto', à la place d'Homolle, le ‚Leiter' de l'entreprise, doit écrire ces jours-ci à notre Académie pour lui demander quelles sont ses intentions au sujet de la publication. Je n'ai pas qualité pour me mêler de l'affaire, car, si j'ai été l'auxiliaire *volontaire et spontané* de ce grand travail, je n'ai jamais reçu aucun mandat officiel et je ne puis donc interroger l'Académie sur ce qu'elle compte faire."

Er selbst sehe wenig Bereitschaft und deshalb frage er nun, ob Wilamowitz irgendwelche Signale aus Paris habe. Wenn dem nicht so sei, und wenn Dürrbach – trotz des guten Willens des Präsidenten Edmond Pottier[45] – keine befriedigende Antwort erhalte, dann sehe er nur noch die Möglichkeit, dass Wilamowitz die Initiative ergreife und sich bei der Akademie nach ihren Absichten erkundige. Sein Vorstoß müsse aber vertraulich bleiben, da man ihm in Paris eine Einmischung nicht verzeihen werde. „Entre l'Académie et moi il y a – vous avez pu vous en apercevoir – ‚eine weite Kluft'."[46]

43 Vgl. Holleaux an Hiller über Homolle am 24. April 1910: „Il forme tant de projets, qu'il ne peut les réaliser tous": Archiv IG.

44 Archiv IG.

45 Edmond Pottier (1855–1934): Gran-Aymerich, *Dictionnaire* (Anm. 2), 543–545.

46 Denkt Holleaux an die ‚Geschichte vom reichen Mann und vom armen Lazarus': Lukas 16,26? Dann würde hier auch eine Kenntnis von Luthers Bibelübersetzung sichtbar. Er war freilich nach den schönen Kategorien bei Christophe Charle, *Les professeurs de la faculté des lettres de Paris* Bd. 2, Paris 1986, 108–110 katholisch und Dreyfusard. Übrigens ist Holleaux erst am 15. Mai 1925, auf Vorschlag von Homolle und Pottier, Mitglied der Académie geworden. Eine ganz andere Kluft (abîme) wird Holleaux in seinem Brief an Karo vom 28. Oktober 1914 konstatieren müssen: Vom Ende einer Freundschaft. Maurice Holleaux und Georg Karo im Herbst 1914, in: von Ungern-Sternberg, *Les chers ennemis* (Anm. 12), 221 mit Anm. 78.

V

Dieses Mal brachte Holleaux die Dinge wirklich in Bewegung. Hiller suchte sofort Wilamowitz auf und berichtete schon am 22. Januar 1910 – man bewundert nebenbei die Schnelligkeit der damaligen postalischen Verbindungen:[47] Wilamowitz habe nie etwas aus Paris gehört. Er könne auch nicht von sich aus anfragen.

> „Die Berliner Akademie müsste ja in erster Linie nach Delphi fragen, wo die Engagements dringender sind, wo wir Opfer gebracht und unsere wissenschaftlichen Verpflichtungen erfüllt haben; Sie wissen wol (sic!), dass Herr Pomtow sein ausgearbeitetes Ms an die Berliner Akademie abgeliefert und diese eine Abschrift nach Paris geschickt hat, und das schon vor mehreren Jahren."[48]

Aber dann brachte Wilamowitz doch einen wesentlichen neuen Gedanken ins Spiel. Ob man nicht den Druck der delischen Inschriften, wie den des übrigen *Corpus*, in der Berliner Reichsdruckerei ausführen lassen könne. Dann würden nämlich die Kosten, außer denen für Clichés, Karten und Honorare der Redaktoren, vom Verleger, der Reimerschen Buchhandlung, getragen werden, mit der die Pariser Akademie durch Vermittlung der hiesigen epigraphischen Kommission, d.h. durch Wilamowitz selbst, einen Vertrag schließen könne.

Ganz offensichtlich bedeutete dies den Durchbruch in der verfahrenen Angelegenheit. Dürrbach, von Holleaux über den Brief Hillers und eines weiteren von Wilamowitz informiert, benachrichtigte seinerseits brieflich die Akademie, während Pottier bereits von Holleaux ins Vertrauen gezogen worden war.[49] Am 11. Februar 1910 tagte die *Commission des Écoles françaises d'Athènes et de Rome* und beschloss einstimmig, die vorteilhaften Vorschläge von Wilamowitz anzunehmen. Dürrbach unterrichtete darüber am 15. Februar 1910 Hiller auf einer Postkarte[50] und fügte hinzu, dass das Plenum der Akademie dies am 18. Februar 1910 ratifizieren werde. Der neu zu bildenden Kommission für das *Corpus* sollten Foucart, Homolle und als Sekretär Haussoullier angehören.[51]

---

47 Briefkonzept im Archiv IG.

48 Zu all dem: von Ungern-Sternberg, Delphi (in diesem Bande, Teil I).

49 Brief von Holleaux an Hiller vom 24. Januar 1910 (Archiv IG), aus dem auch hervorgeht, dass die beiden sich schon vorher abgesprochen hatten.

50 Ebenso Holleaux an Hiller am 13. Februar 1910; beide im Archiv IG.

51 Im Sitzungsbericht zum 18. Februar in *CRAI* 1910 wird weder das Abkommen mit Berlin noch die Bildung der Kommission erwähnt; erst Haussoullier kommt im Jahresbericht über die Schulen von Athen und Rom am 7. Oktober 1910 darauf zu sprechen (594). Nach *CRAI* 1912, 36 ist die Kommission unter dem Präsidium von Foucart am 27. Mai 1910 eingesetzt worden; Sekretär wurde Haussoullier (*CRAI* 1912, 339).

Wieder, wie schon 1899, reiste Homolle nach Berlin, um das Abkommen mit Wilamowitz auszuhandeln;[52] formell wurde es gekennzeichnet als Ausführungsbestimmungen zu dem früheren Vertrag zwischen den Akademien (s. Abb. 22). Im Art. I wurde festgehalten, dass IG XI links wie die anderen Bände als Edition der Berliner Akademie zu kennzeichnen sei, rechts aber zu stehen habe: *Inscriptiones Deli consilio et auctoritate Academiae Inscriptionum et Humaniorum litterarum Gallicae editae* (Abb. 23). Art. V sah vor, dass die Edition

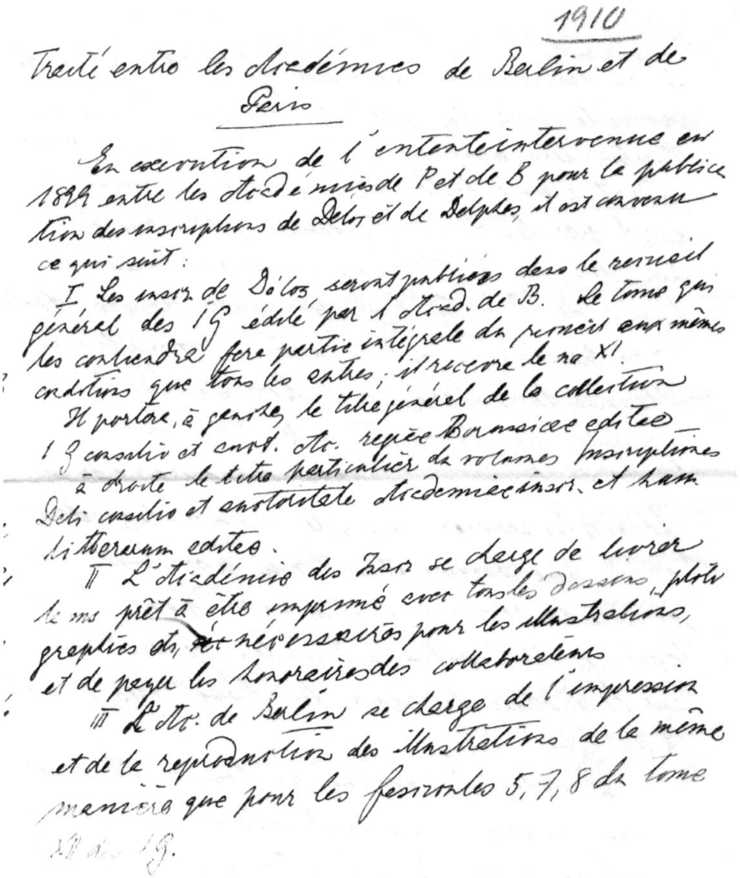
1910

Traité entre les Académies de Berlin et de Paris

En exécution de l'entente intervenue en 1899 entre les Académies de P et de B pour la publication des inscriptions de Délos et de Delphes, il est convenu ce qui suit:

I Les inscr. de Délos seront publiées dans le recueil général des IG édité par l'Acad. de B. Le tome qui les contiendra fera partie intégrale du recueil aux mêmes conditions que tous les autres; il recevra le no XI.

Il portera, à gauche, le titre général de la collection I G consilio et auct. Acad. regiae Borussicae editae à droite le titre particulier du volume Inscriptiones Deli consilio et auctoritate Academiae inscr. et hum. litterarum editae.

II L'Académie des Inscr se charge de livrer le ms prêt à être imprimé avec tous les dessins, photographies etc. nécessaires pour les illustrations, et de payer les honoraires des collaborateurs

III L'Ac. de Berlin se charge de l'impression et de la reproduction des illustrations de la même manière que pour les fascicules 5, 7, 8 du tome XII des IG.

Abb. 22 Entwurf des Vertrages über die Herausgabe der Inschriften von Delos in den Inscriptiones Graecae. Manuskript von M. Holleaux. Archiv IG.

52 Ulrich von Wilamowitz-Moellendorff, *Erinnerungen 1848–1914*, 2. Aufl., Leipzig 1928, 314; Roques, "Notice" (Anm. 24), 59: „Holleaux laissa à Homolle l'honneur d'aller à Berlin pour traiter."

in einzelnen Faszikeln erfolgen könne, aber mit durchgehender Nummerierung. Entsprechend war auch ein Generalindex nach dem Muster von IG XII vorgesehen. In Art. II verpflichtete sich die Pariser Akademie, die Manuskripte druckfertig abzuliefern.[53] Dem entsprechend wurde in Art. VIII bestimmt, dass ihre *Commission épigraphique* auf den Korrekturbögen das ‚gut zum Druck' geben werde, gleichzeitig aber festgehalten, dass allein der Präsident der Berliner Kommission den Druck endgültig gegenüber der Druckerei freizugeben berechtigt sei.

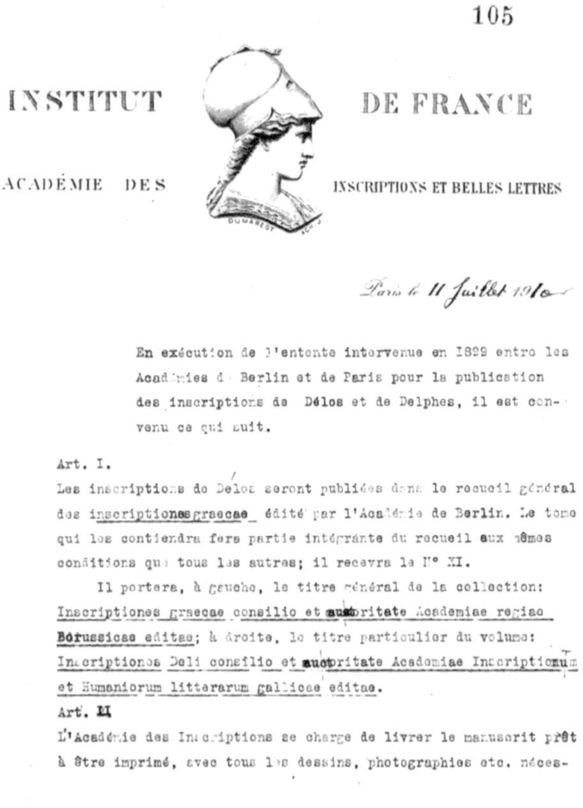
105

INSTITUT DE FRANCE

ACADÉMIE DES INSCRIPTIONS ET BELLES LETTRES

Paris le 11 Juillet 1910

En exécution de l'entente intervenue en 1899 entre les Académies de Berlin et de Paris pour la publication des inscriptions de Délos et de Delphes, il est convenu ce qui suit.

Art. I.

Les inscriptions de Délos seront publiées dans le recueil général des inscriptiones graecae édité par l'Académie de Berlin. Le tome qui les contiendra fera partie intégrante du recueil aux mêmes conditions que tous les autres; il recevra le N° XI.

Il portera, à gauche, le titre général de la collection: Inscriptiones graecae consilio et auctoritate Academiae regiae Borussicae editae; à droite, le titre particulier du volume: Inscriptiones Deli consilio et auctoritate Academiae Inscriptionum et Humaniorum litterarum gallicae editae.

Art. II

L'Académie des Inscriptions se charge de livrer le manuscrit prêt à être imprimé, avec tous les dessins, photographies etc. néces-

Abb. 23 Vertrag von 1910 über die Herausgabe von IG XI. Paris, AIF 14 G 3.

53 S. dazu WILAMOWITZ, *Erinnerungen* (Anm. 52), 269: „Als ich Manuskripte der Inschriftenausgabe von der französischen Akademie unter die Hände bekam, staunte ich, wie die strengsten Forderungen an Abgeschlossenheit der Ausarbeitung und Lesbarkeit der Schrift erfüllt waren. Da regte sich freilich der Wunsch, daß die deutschen Bearbeiter wenigstens einigermaßen ähnliche Manuskripte einlieferten."

Am 3. Mai 1910 bedankte sich Holleaux aus Athen für den Brief, mit dem ihn Wilamowitz über das Abkommen unterrichtet hatte.[54] Am 13. Mai billigte es der von Homolle informierte Minister mit einem Schreiben an den *secrétaire perpétuel* Perrot.[55] Dieser übersandte den vom 11. Juli 1910 datierten Vertragstext (Abb. 23) an die Berliner Akademie, die ihn am 14. Juli ratifizierte und am 26. Juli an Perrot zurücksandte. Mit dessen Schreiben vom 5. August 1910 war der Vorgang endgültig abgeschlossen. Nochmals versicherte Perrot im Namen aller *confrères*:

> „Ils sont heureux de voir les deux Académies entreprendre de concert une œuvre qui sera profitable à la science et qui témoigne en même temps de la cordialité des rapports établis entre les savants des deux pays."

Blicken wir zurück, so wird klar, dass ohne den Willen von Maurice Holleaux zur getreuen Vertragserfüllung auch im Falle der delischen Inschriften nie eine Zusammenarbeit der Akademien zustande gekommen wäre. Wesentliche Grundlage war das langjährige Vertrauensverhältnis, das vor allem ihn und Hiller von Gaertringen verband, aber auch mit Dürrbach und Wilamowitz. Nur so konnte Holleaux es wagen, aus dem Hintergrund heraus Wilamowitz zu der entscheidenden Intervention in Paris zu veranlassen.

Seine innersten Gedanken formulierte er am schönsten rückblickend auf einen Besuch des Ehepaars Hiller auf Delos am 31. August 1910.[56] Nur wenige Zeilen aus diesem insgesamt bewegenden Brief:

> „Je puis vous dire et je vous prie de vouloir bien assurer à Madame von Hiller, que votre séjour dans l'île sainte est le meilleur de mes souvenirs déliens. J'ai vu se réaliser ainsi un désir depuis longtemps caressé. J'ai pu jouir de cette bonne confraternité germano-gallique qui a été le rêve de ma jeunesse; et j'ai – pour une fois – pu montrer le labeur de ma vie présente (un labeur que je ne terminerai point et qui m'aura coûté, pour un gain douteux, des sacrifices sans limites) à quelqu'un qui fût capable d'apprécier l'étendue de la tâche et la persistance de l'effort."[57]

---

54 GÖ Cod.Ms. 630; vgl. Holleaux an Hiller am 4. Mai 1910 (Archiv IG) zur vorgesehenen Zusammenarbeit von Dürrbach und Hiller: „A présent que tout est en règle dans l'Olympe, c'est aux simples hommes à organiser le travail."

55 AIF 14 G 3

56 Archiv IG. Seit dem 6. Oktober 1905 war Hiller mit Dorothea v. Wilamowitz-Moellendorff (1879–1972) verheiratet, einer Tochter von Wilamowitz.

57 Vgl. die, freilich durch den Ersten Weltkrieg getrübten, Bemerkungen von Wilamowitz: „Nach Frankreich bin ich nicht gekommen, obwohl ich oft gemahnt ward, meinen fauteuil als Mitglied der Académie des inscriptions einzunehmen. Ich hatte besonders auf Grund meiner Kriegserfahrungen die Illusion, die Franzosen könnten sich mit uns aufrichtig vertragen, und ich ersehnte diese Versöhnung [...] Nach den Erfahrungen in Griechenland ließ ich mir besonders angelegen sein, die Beziehungen zu den französischen Epigraphikern zu pfle-

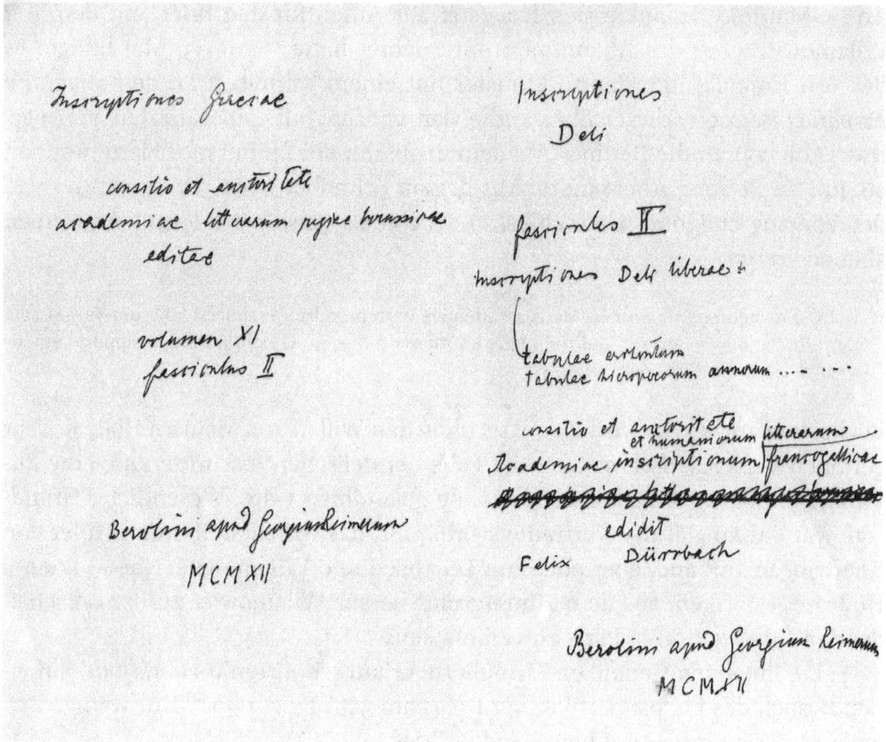
Inscriptiones Graecae

consilio et auctoritate
academiae litterarum regiae borussicae
editae

volumen XI
fasciculus II

Berolini apud Georgium Reimerum
MCMXII

Inscriptiones
Deli

fasciculus II
inscriptiones Deli liberae

tabulae archontum
tabulae hieropoeorum annorum ... . . .

consilio et auctoritate
et humaniorum litterarum
Academiae inscriptionum francogallicae

edidit
Felix Dürrbach

Berolini apud Georgium Reimerum
MCMXII

Abb. 24 Entwurf der Titelei des Bandes IG XI 2 von F. Hiller von Gaertringen. Archiv IG.

VI

Nunmehr kamen die Arbeiten rasch voran, zumal Dürrbach am 5. Dezember 1910 Hiller mitteilen konnte, dass die Pariser Kommission ihn autorisiert habe, direkt mit der Akademie in Berlin zusammenzuarbeiten.[58] Sie habe auch den Anfang seines Manuskripts gebilligt. Am 1. März 1911 freute sich Dürrbach über dessen Anerkennung durch Wilamowitz und dankte für die Korrekturvorschläge, um sich dann ausführlich zu den Modalitäten der Edition zu äußern.[59] Und

gen, die so vorzügliches leisteten. Sie wurden alle unsere Korrespondenten“: *Erinnerungen* (Anm. 52), 314.

58 Archiv IG.

59 GÖ Cod.Ms. 296; vgl. den Brief von Holleaux vom 8. März 1911: GÖ Cod.Ms. 630. Zu späteren Verbesserungsvorschlägen s. Dürrbach an Wilamowitz am 26. Oktober 1911: GÖ Cod.Ms. 296.

schon am 4. April 1911 schrieb Bernard Haussoullier an Wilamowitz, dass er soeben ein erstes Manuskript von Dürrbach bei der Deutschen Botschaft deponiert habe.[60] Ein gutes Jahr später, am 26. Juni 1912, übermittelte Haussoullier an Wilamowitz das letzte ‚gut zum Druck', um sich gleichzeitig der *felix concordia*, die so gute Früchte getragen habe, zu freuen.[61]

Die Druckerei muss fabelhaft schnell gearbeitet haben, denn schon in der Sitzung am 12. Juli 1912 war Foucart in der Lage, der Akademie den fertigen Band IG XI 2 mit dem gebührenden Lob für Dürrbach, aber auch für Wilamowitz und Hiller, zu präsentieren.[62] Wilamowitz bezieht sich darauf in seinem Jahresbericht an die Berliner Akademie, um seinerseits die Mithilfe von Foucart und Haussoullier bei anderen Teilen der IG hervorzuheben. „Dies freundschaftliche Zusammenarbeiten betrachten wir als den edelsten Gewinn."[63]

Foucart hatte bereits für den November das nächste Manuskript von Pierre Roussel (1891–1945, Abb. 25) angekündigt; in der Sitzung am 7. Februar 1913 legte Homolle dann den Rest dieses Manuskripts vor, dessen Druck in Berlin schon begonnen habe.[64] Das fertige Faszikel IG XI 4 präsentierte Foucart dann in der Sitzung am 17. April 1914. Dabei zitierte er zustimmend die Worte von Wilamowitz in dessen Bericht vor der Berliner Akademie:

> „Das Zusammenwirken mit allen beteiligten Gelehrten hat sich so gestaltet, dass es für uns, und hoffentlich nicht nur für uns, eine reine Freude ist."[65]

---

60 GÖ Cod.Ms. 530. S. dazu auch Homolle in seinem Jahresbericht der École d'Athènes: „On ne saurait trop se féliciter de cette activité qui hâte la réalisation de l'heureuse entente conclue entre Berlin et Paris pour réserver à la France la publication des inscriptions de Délos et de Delphes": CRAI 1911, 636.

61 GÖ Cod.Ms. 530; vgl. auch Haussoullier an Hiller am 10. Juli 1912: Archiv IG und den *Rapport du Secrétaire perpétuel* vom 9. Februar 1912: CRAI 1912, 36.

62 CRAI 1912, 338–340; vgl. CRAI 1913, 55.

63 SB Ak. Berlin 1913.

64 CRAI 1913, 47–48. Vom letzten ‚gut zum Druck' Foucarts berichtet Roussel am 7. Januar 1914 an Hiller; dort auch zu den weiteren geplanten Arbeiten: Archiv IG.

65 CRAI 1914, 217–218; SB Ak. Berlin 1914, 111. Dazu Wilamowitz, *Erinnerungen* (Anm. 52), 315: „Es war eine reine Freude, mit den ausgezeichneten Bearbeitern F. Dürrbach und P. Roussel zusammenzuarbeiten, denn wir nahmen es auch ernst, ebenso Haussoullier, und selbst P. Foucart sandte Berichtigungen, auch zu anderen unserer Bände." Wilamowitz erwähnt hier nicht Holleaux – zu ihm aber an anderen Stellen, *Erinnerungen* 221. 276; vgl. auch die hübsche Anekdote, die Georges Radet berichtet hat; in: Maurice Holleaux, *Études d'épigraphie et d'histoire grecques* VI, éd. par Louis Robert, Paris 1968, 54.

Abb. 25 Pierre Roussel (1891–1945). Photo mit Widmung an Friedrich Hiller v. Gaertringen. Archiv IG.

Abb. 26 Felix Dürrbach (1859–1931). Photo von 1910 aus: J.-C. Moretti, Delos 1873–1913, Athen 2017, S. 70.

VII

Als diese Sätze im Druck erschienen, war der Erste Weltkrieg schon im vollen Gange. Die seit 1913 fortschreitenden Arbeiten von Dürrbach an IG XI 3 und die zu weiteren Bänden kamen damit zu einem vorläufigen Ende. Immer wieder hatte er Hiller davon berichtet, zuletzt am 20. Juli 1914 seinem engen Freunde auf einer Postkarte in Neugriechisch.[66]

Insbesondere von Seiten der französischen Gelehrten kam es zu einem sofortigen Abbruch sämtlicher Beziehungen zu den deutschen Kollegen, wie es

66 31. Mai und 8. November 1913; 27. Januar, 9. März, 8. Juni, 20. Juli 1914: Archiv IG; vgl. auch die Briefe von Haussoullier an Wilamowitz vom 14. November 1913 (GÖ Cod.Ms. 530) und Hiller vom 21. März und 26. Juni 1914 (Archiv IG).

sich im Falle von Bernard Haussoullier (1853–1926) gut dokumentieren lässt. Am 1. Mai 1914 hatte ihn Wilhelm von Bode, der Generaldirektor der Kgl. Museen in Berlin, aufgefordert, sich zusammen mit Albert Rehm (1871–1949) an der Publikation der Inschriften von Didyma zu beteiligen, wo seit 1906 die deutsche Grabung die französische abgelöst hatte. Bode schrieb:

> „Es würde damit dokumentiert werden, dass die Arbeit auf dem vornehmsten Felde der Kleinasiatischen Forschung zwar von verschiedenen Händen geleistet wurde, dass die Ernte aber gemeinsam eingebracht worden ist."

Haussoullier akzeptierte sofort und bat nur seinen Freund Theodor Wiegand (1864–1936), damit erst im November beginnen zu dürfen.[67] Als ihm jedoch im Jahre 1915 Wiegand über den schweizerischen Kollegen und nunmehrigen Delegierten des Roten Kreuzes, Paul Schazmann, ein Werk über Milet zukommen ließ, lehnte Haussoullier kategorisch jeden Kontakt während des Krieges ab.[68] Er hat sich aber auch danach nicht zur Wiederaufnahme der Zusammenarbeit entschließen können.[69]

---

67 Brief an Hiller im Archiv IG. Eine Kopie des Briefes von Bode ist eingelegt in Wiegands Tagebuch (2. Nov. 1913–30. Juli 1914) im Archiv des DAI Berlin. Haussoullier hatte bereits am 2. Mai 1904 wegen Didyma sehr verständnisvoll an Wiegand geschrieben.

68 Dazu Jürgen von Ungern-Sternberg, „Deutsche und französische Altertumswissenschaftler vor und während des Ersten Weltkrieges", in: *Les chers ennemis* (Anm. 12), 19–47.

69 Ein Sohn von ihm war sechs Wochen vor dem Waffenstillstand gefallen: Émile Chatelain im Nachruf, *Revue de Philologie* 50, 1926, 113–116. In einem Brief an Wilamowitz hatte Haussoullier am 8. Mai 1906 geschrieben: „Il est bien vrai que je compte lui faire cette année un premier séjour en Allemagne. Je ne veux pas seulement qu'il sache l'Allemand, je veux aussi qu'il connaisse les Allemands". Auch ein Sohn von Dürrbach ist im Krieg gefallen.

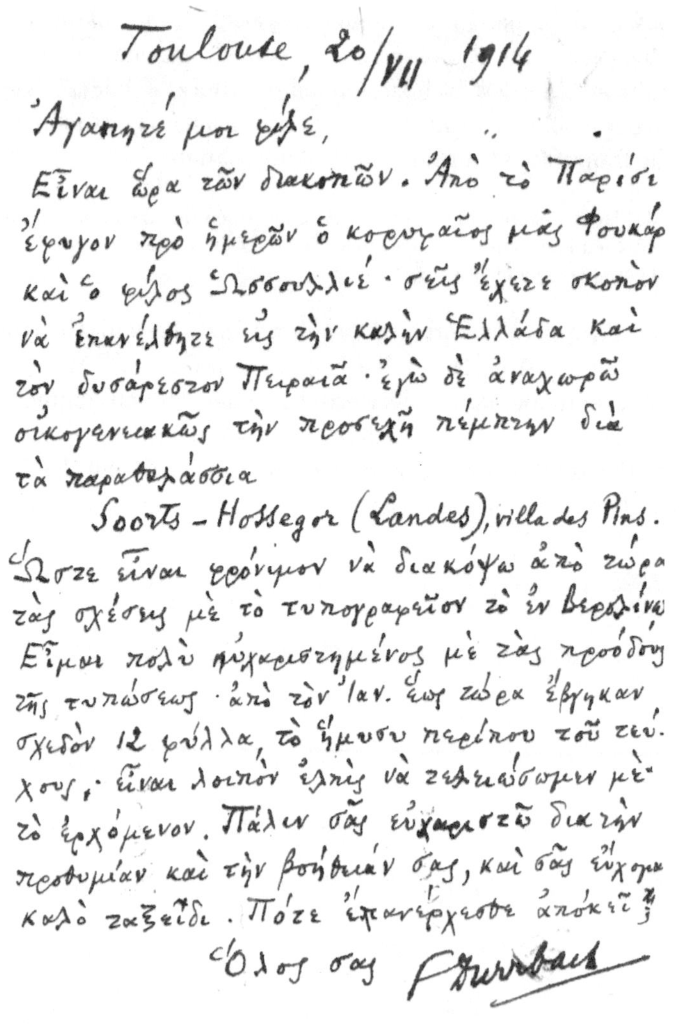
Toulouse, 20/VII 1914
Ἀγαπητέ μου φίλε,
Εἶναι ὥρα τῶν διακοπῶν. Ἀπὸ τὸ Παρίσι ἔφυγον πρὸ ἡμερῶν ὁ κορυφαῖος μας Φουκάρ καὶ ὁ φίλος Ὡσσουλλιέ· οὗτος ἔχετε σκοπὸν νὰ ἐπανέλθῃ εἰς τὴν καλὴν Ἑλλάδα καὶ τὸν δυσάρεστον Πειραιᾶ· ἐγὼ δὲ ἀναχωρῶ οἰκογενειακῶς τὴν προσεχῆ πέμπτην διὰ τὰ παραθαλάσσια
Soorts-Hossegor (Landes), villa des Pins.
Ὥστε εἶναι φρόνιμον νὰ διακόψω ἀπὸ τώρα τὰς σχέσεις μὲ τὸ τυπογραφεῖον τὸ ἐν Βερολίνῳ. Εἶμαι πολὺ ηὐχαριστημένος μὲ τὰς προόδους τῆς τυπώσεως· ἀπὸ τὸν Ἰαν. ἕως τώρα ἐβγῆκαν σχεδὸν 12 φύλλα, τὸ ἥμισυ περίπου τοῦ τεύχους· εἶναι λοιπὸν ἐλπὶς νὰ τελειώσωμεν μὲ τὸ ἐρχόμενον. Πάλιν σᾶς εὐχαριστῶ διὰ τὴν προθυμίαν καὶ τὴν βοήθειάν σας, καὶ σᾶς εὔχομαι καλὸ ταξεῖδι. Πότε ἐπανέρχεσθε ἀπὸ κεῖ;
Ὅλος σας
F Durrbach

Abb. 27 Brief in neugriechischer Sprache von Dürrbach an Hiller von Gaertringen vom 20. Juli 1914. Er bedankt sich für die Übersendung der Druckfahnen für IG XI 3. Archiv IG.

Im Jahre 1926 veröffentlichte er in der *Revue de Philologie* in zwei Folgen einige Bauinschriften aus Didyma.[70] Am Schluss berichtete er von dem Abkommen des Jahres 1914 und von seiner langjährigen vertrauensvollen Zusammenarbeit

70 „Inscriptions de Didymes. Comptes de la construction du Didymeion", *Revue de Philologie* 50, 1926, 67–96; 125–152.

mit Wiegand und Wilamowitz.[71] Nun aber werde eine solche sich erst auf längere Sicht wiederherstellen lassen.[72] In der Hoffnung darauf werde er alle seine Unterlagen über Milet und Didyma der Bibliothek des Institut de France vermachen, wohin andere Gelehrte aus Frankreich und Deutschland kommen würden, um in einer friedlicheren Zeit die Edition vorzubereiten, die heute nicht zu leisten sei. Er schließt resigniert:

> „Je n'en continuerai pas moins à travailler, sans les secours que me fournissait libéralement l'Allemagne de jadis, sans les articles, sans les livres que je ne reçois plus et que je trouve à grand'peine dans quelque bibliothèque de Paris.[73] Ἀγαθὴ τύχη."

Die Erwartung von Haussoullier hat sich später erfüllt. Richard Harder berichtet in seinem Vorwort zu: *Didyma* II: *Die Inschriften*, von Albert Rehm, Berlin 1958, VIII:

> „Diesem noblen Vermächtnis ist es zu verdanken, daß die nun vorliegende Publikation außer den epigraphischen Ergebnissen der preußischen Grabungen von 1905 und 1924 auch Inschriften enthält, die von den französischen Ausgräbern entdeckt, aber noch nicht veröffentlicht waren und daß auch ihre publizierten Stücke am Originalmaterial revidiert werden konnten. Zweimal 1931 und 1942 war Rehm zur Auswertung von Haussoulliers Nachlaß in Paris und hat dort jedes Entgegenkommen gefunden."

VIII

In einem Brief von Haussoullier an Homolle vom 28. Dezember 1918 wird eine Beratung in der Akademie am 15. Juni 1917 über die Zukunft der Edition der delischen Inschriften resümiert:

> „Nous avons dit: La collaboration entre Paris et Berlin n'est pas seulement interrompue, elle est rompue. Nous nous devons de faire de la publication des inscriptions de Délos une œuvre française, exclusivement française. Mais cette œuvre considérable tardera forcément. En attendant que nous puissions l'organiser, montrons par un Choix d'inscriptions traduites que nous ne renonçons pas à nos droits, que nous sommes capables de reprendre seuls l'œuvre poursuivie jusque là en commun, et en même temps par la forme donnée à ce Choix

71 *Revue de Philologie* 50, 1926, 151–152. Vgl. auch den Brief von Rehm an Holleaux vom 15. August 1926 mit einer Würdigung von Haussoullier (IF Fonds Louis Robert).

72 Er zitiert dazu Ulrich VON WILAMOWITZ-MOELLENDORFF, „Rede beim Antritt des Rektorats der Berliner Universität am 15. Oktober 1915", in: *Reden aus der Kriegszeit*, Berlin 1915, 262.

73 Vgl. Dürrbach an Homolle am 29. April 1921 zur Datierung einer Inschrift: „Je dois la solution de la difficulté qui me préoccupait à une note de Kolbe, Gött. Gel. Anz., 1916, p. 453, dont je dois communication à Holleaux, lequel a emprunté le volume à Strasbourg – telle est notre misère actuelle, que nous sommes privés de tout ce qui s'est publié à l'étranger depuis 7 ans!": Ms. Homolle 3868 (BIF).

intéressons le grand public à nos découvertes et à nos projets. Le Choix d'inscriptions traduites en montrera la variété, la richesse, la nouveauté."[74]

Die Veröffentlichung einer Auswahl der delischen Inschriften wurde also als eine Prestigefrage betrachtet, der vor allem Dürrbach als der Herausgeber und Homolle als der eigentliche Promotor der Idee in den Jahren 1920–1923 beträchtliche Energie gewidmet haben. Zahlreiche Briefe Dürrbachs zeugen noch von der gemeinsamen Arbeit, an der aber auch andere, vor allem Haussoullier, teilgenommen haben.[75] Das Werk erschien in den Jahren 1921 bis 1923 in Paris, hat jedoch wissenschaftlich keine große Wirkung gehabt.[76]

Dürrbach hat aber an der großen Edition weitergearbeitet und im Jahre 1926 ohne jede erklärende Vorrede unter dem Patronat der Académie des Inscriptions et Belles-Lettres und dem Titel *Inscriptions de Délos: Comptes des Hiéropes* einen guten Teil dessen veröffentlicht, was als IG XI 3 hätte erscheinen sollen und was sich fast gänzlich in Berlin bereits im Satz befand (Abb. 28).[77]

Die Akademie der Wissenschaften in Berlin reagierte auf den unangekündigten Vertragsbruch verärgert, da man indes eine öffentliche Stellungnahme vermeiden wollte, publizierte Wilamowitz eine entsprechende Erklärung in eigenem Namen in der *Deutschen Literaturzeitung*.[78] Die in der Pariser Ausgabe fehlenden Tafeln zu IG XI 3 brachte Hiller 1927 zum Druck. Die Vorrede endete Wilamowitz: *Quamvis aegre feramus quod plura dare non possumus, ne haec quidem viris doctis fore ingrata speramus.*

Ganz ohne Echo ist dies in Paris nicht geblieben. Jedenfalls hat das französische Ministerium Ende des Jahres 1927 vier Exemplare der neuen Edition nach

74 Ms. Homolle 3868 (BIF).

75 S. die Briefe von Dürrbach und Haussoullier Ms. Homolle 3868 (BIF). In der Vorrede dankt Dürrbach nur Homolle.

76 Eine Fortsetzung ist erschienen: Clarisse PRÊTRE (Hrsg.), *Nouveau choix d'inscriptions de Délos. Lois, comptes et inventaires*, Athen 2002. Gewiss sind die gebotenen Übersetzungen heute wichtiger als vor 80 Jahren.

77 Der Bleisatz stand seit 1914 in Berlin (8 Bogen = 64 Seiten) und überdauerte auch die Metallabgaben im Kriege. Offensichtlich hat die Berliner Akademie mit einer Fortführung des Unternehmens gerechnet. Im Bericht des Wissenschaftlichen Beamten (Hiller v. Gaertringen) für das Jahr 1925 heißt es, dass Roussel, „soweit es die ihm gebotenen Rücksichten gestatteten, persönlich eine gewisse Fühlungnahme anzubahnen gesucht hat. [...] Doch sei auch an die Fahnen und die im August 1914 ausgedruckten Bogen von IG XI 3 erinnert, die noch in der Reichsdruckerei bzw. bei W. de Gruyter schlummern, ohne daß die Erweckung von unserer Seite ausgehen kann." Wilamowitz ließ 1926 davon 50 Exemplare drucken, die sich noch im Archiv der IG befinden (Mitteilung Klaus Hallof).

78 *Deutsche Literatur-Zeitung* 47, 1926, 1287–1288; dazu WILAMOWITZ, *Erinnerungen* (Anm. 52), 315.

Berlin übersandt.[79] Und hat Dürrbach dem zweiten, im Jahre 1929 erschienenen Teil seiner Ausgabe ein längeres Vorwort vorangestellt:

> „Quelques mots d'explication sur cette édition française sont sans doute nécessaires, puisque l'apparition du premier fascicule a provoqué quelque surprise et fait naître de fâcheux malentendus."

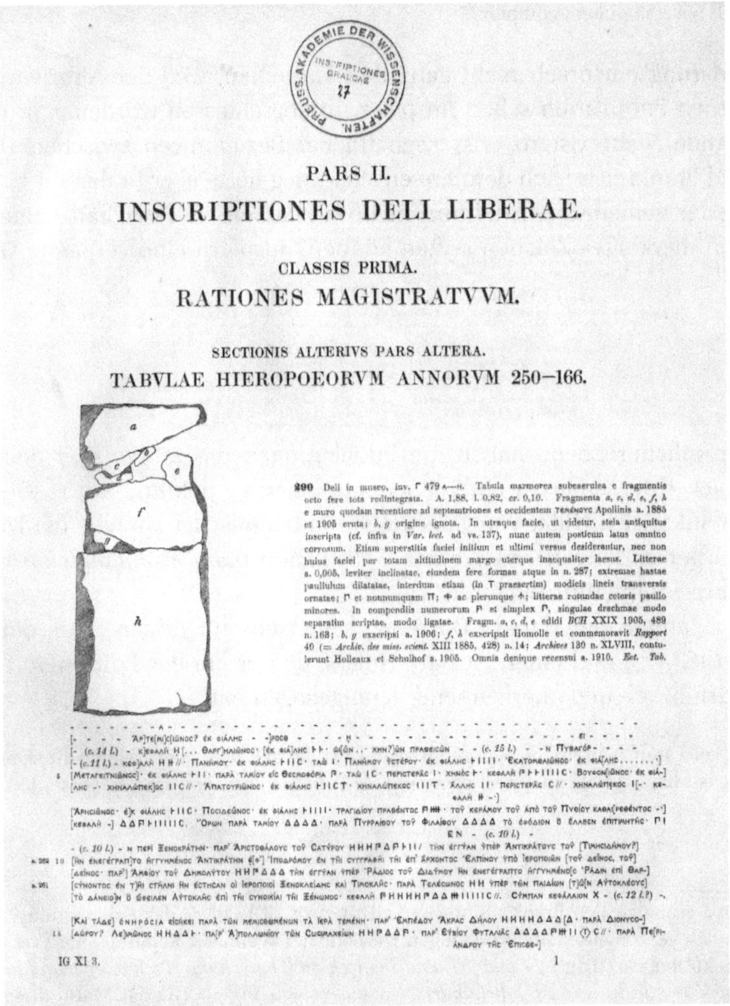
PREUSS. AKADEMIE DER WISSENSCHAFTEN
INSCRIPTIONES GRAECAE 27

PARS II.

INSCRIPTIONES DELI LIBERAE.

CLASSIS PRIMA.

RATIONES MAGISTRATVVM.

SECTIONIS ALTERIVS PARS ALTERA.

TABVLAE HIEROPOEORVM ANNORVM 250–166.

290 Deli in museo, inv. Γ 479 Α—Η. Tabula marmorea subcaerulea e fragmentis octo fere tota redintegrata. A. 1,88, l. 0,82, cr. 0,10. Fragmenta *a, c, d, e, f, h* e muro quodam recentiore ad septemtriones et occidentem ΤΕΜΕΝΟΥΣ Apollinis a. 1885 et 1905 eruta; *b, g* origine ignota. In utraque facie, ut videtur, stela antiquitus inscripta (cf. infra in *Var. lect.* ad vs. 137), nunc autem posticum latus omnino corrosum. Etiam superstitis faciei initium et ultimi versus desiderantur, nec non huius faciei per totam altitudinem margo uterque inaequaliter laesus. Litterae a. 0,005, leviter inclinatae, eiusdem fere formae atque in n. 287; extremae hastae paullulum dilatatae, interdum etiam (in Τ praesertim) modicis lineis transversis ornatae; Γ et nonnumquam Π; Φ ac plerunque Φ; litterae rotundae ceteris paullo minores. In compendiis numerorum Ꙏ et simplex Γ, singulae drachmae modo separatim scriptae, modo ligatae. Fragm. *a, c, d, e* edidi *BCH* XXIX 1905, 489 n. 168; *b, g* exscripsi a. 1906; *f, h* exscripsit Homolle et commemoravit *Rapport* 40 (= *Archiv. des miss. scient.* XIII 1885, 428) n. 14; *Archives* 130 n. XLVIII, contulerunt Holleaux et Schulhof a. 1905. Omnia denique recensui a. 1910. *Ect. Tab.*

IG XI 3. 1

Abb. 28 Die erste Seite des nie erschienenen Bandes IG XI 3. Von den im August 1914 im Satz stehenden Bogen ließ Wilamowitz im Jahre 1926 fünfzig Kopien für das Archiv der IG ausdrucken. Archiv IG.

79 Hiller am 28. Oktober 1927: Archiv IG.

Er blickt dann mit Wärme auf die glückliche Zeit der Zusammenarbeit zurück bis zum Ausbruch des Krieges.

> „C'était la rupture et, parmi des catastrophes infinement plus tragiques, l'arrêt forcé de la publication. La paix conclue, des circonstances qu'il ne sied pas de rappeler ici par le détail ont maintenu entre les esprits une tension qui ne permettait pas de prévoir une reprise prochaine de l'ancienne collaboration: c'est un fait qu'on doit déplorer, mais avec lequel il fallait nécessairement compter."

Die Erklärung entsprach nicht ganz den Tatsachen, weil der Abbruch der gemeinsamen Publikation schon im Jahre 1917 beschlossen worden war; die lang andauernde Nichtexistenz wissenschaftlicher Beziehungen zwischen Deutschland und Frankreich nach dem Ersten Weltkrieg hätte aber in der Tat eine Fortsetzung der gemeinsamen Edition nicht zugelassen. – (Oder hätte eine solche nicht ein markantes Zeichen setzen können? Insofern eine verpasste Gelegenheit?).[80]

IX

Auf persönlicher Ebene haben die Publikationen des Jahres 1927 doch neun Jahre nach Kriegsende zu einer Wiederannäherung geführt. Am 11. Dezember 1927 bedankte sich Hiller von Gaertringen in lateinischer Sprache bei Dürrbach für die Übersendung seines Werkes: *Splendidum tuum et magnificum volumen accepi, acceptum gratus refero.*

Am 1. Januar 1928 dankte Dürrbach seinerseits für diesen Brief, den Tafelband zu IG XI 3 und einen Aufsatz Hillers, den er bei der Edition von ID 504 dann ausführlich und anerkennend herangezogen hat:

> „Me voici tout heureux de reprendre avec vous des relations, non seulement scientifiques, mais cordiales et affectueuses, comme elles l'ont toujours été dans le passé. Je n'ai cessé

80 S. dazu grundsätzlich Brigitte Schroeder-Gudehus, „Die Jahre der Entspannung: Deutsch-französische Wissenschaftsbeziehungen am Ende der Weimarer Republik", in: Yves Cohen – Klaus Manfrass (Hrsg.), *Frankreich und Deutschland. Forschung, Technologie und industrielle Entwicklung im 19. und 20. Jahrhundert*, München 1990, 105–115 (114 das Motto dieses Aufsatzes). Vgl. den Versuch, die deutsche Wissenschaft vom Corpus Vasorum Antiquorum fernzuhalten: Martin Beetz, „Zur Geschichte des CVA", in: *Beihefte zum Corpus Vasorum Antiquorum Deutschland*, Bd. 1, München 2002, 9–15. Auch die Begründung der *L'Année Philologique* durch Jules Marouzeau verdankte sich wesentlich den Abgrenzungsbestrebungen zu *Bursians Jahresberichten*: Ilse Hilbold, *Écrire Juliette Ernst. Bibliographie et sciences de l'Antiquité au XXe siècle*, Basel 2022.

d'avoir pour vous les mêmes sentiments, il est presque superflu de vous le dire, et j'ai souvent déploré les circonstances, plus fortes que nous, qui nous ont séparés pendant tant d'années."[81]

Parallel dazu haben auch Holleaux und Hiller sich im Dezember 1927 sehr freundschaftliche Briefe geschrieben.[82] Zu einer wirklichen Wiederaufnahme der Beziehungen ist es aber infolge des baldigen Todes von Dürrbach und Holleaux nicht gekommen.[83]

Die *Inscriptions de Délos* sind in Frankreich erfolgreich fortgeführt worden. Immer aber nach dem Plan, der vor dem Ersten Weltkrieg gemeinsam entwickelt worden war. Der erste Indexband von Jacques Tréheux vom Jahre 1992 konnte deshalb kurz und bündig feststellen: „La numération des inscriptions de Délos étant continue, on a supprimé les tomaisons *IG,* XI 2, *IG,* XI 4 et *ID.*"

So sind die beiden Teile der delischen Inschriften, in ihrer Entstehung wie in ihrer Trennung ein Abbild der wechselnden deutsch-französischen Beziehungen vor jetzt bald hundert Jahren, in gewisser Weise doch ein Ganzes geblieben. Louis Robert konnte davon schreiben: „Il faut marquer que c'est le seul Corpus qui ait été entamé et terminé par des savants français."[84] Aber leider insofern doch nicht komplett, als der weitaus größte Teil der Indices bis heute aussteht. Hier hätte der anerkannte Meister in der Erarbeitung von Indices, Hiller von Gaertringen, unter anderen Umständen gewiss förderlich mitgewirkt.[85]

X

Wir stehen am Ende eines ‚Brieframans' mit Intrigen und mancherlei überraschenden Wendungen, die ohne die Korrespondenzen der Beteiligten gänzlich unverständlich blieben. Schon die Tatsache, dass es nach dem Vertrag zwischen der Berliner und der Pariser Akademie im Jahre 1899 über die gemeinsame Edition der Inschriften von Delos und Delphi eines weiteren Abkommens im Jahre 1910 hinsichtlich der delischen Inschriften bedurfte, müsste ohne sie als erstaunliches Faktum einfach hingenommen werden. Die Geschichte hat

81 Brief von Dürrbach und Konzept von Hiller im Archiv IG.

82 Briefe von Holleaux vom 11. und 17. Dezember; ein Briefkonzept von Hiller vom 14. Dezember 1928: Archiv IG. In diesem begründet Hiller die lange Zurückhaltung der Berliner Gelehrten auch mit der Rücksichtnahme auf die französischen Freunde und erinnert an die Haltung von Haussoullier im Jahre 1915 (oben bei Anm. 68).

83 Der Nachruf Hillers auf Holleaux: *Gnomon* 9, 1933, 62–63.

84 Holleaux, *Études* VI (Anm. 65), 65.

85 In seinem Brief an Dürrbach vom 11. Dezember 1927 hat er die Indices bereits angemahnt. Nunmehr: *Index*, Bd. 2, *Les Déliens*, par Claude Vial, Paris 2008.

aber eindeutig auch einen Helden: Maurice Holleaux. Als er erkannte, dass er in Paris keine genügende Unterstützung für das Editionsvorhaben bekommen werde, hat er Ende 1908 die Initiative ergriffen, um im Zusammenwirken mit Wilamowitz und Hiller seine Realisierung durchzusetzen. Auf dem Umweg über Berlin, mit Hilfe deutsch-französischer Freundschaft, ist also eine der großen französischen Editionsleistungen erst möglich geworden.

Siglenverzeichnis

ABBAW	Archiv der Berlin-Brandenburgischen Akademie der Wissenschaften
AIBL	Académie des inscriptions des belles-lettres
AIF	Archiv de l'Institut de France
AM	Mitteilungen des Deutschen Archäologischen Instituts, Athenische Abteilung
AN F	Archives Nationales de France
BIF	Bibliothèque de l'Institut de France
BCH	Bulletin de correspondance hellénique
CID	Corpus des inscriptions de Delphes
CIG (C.I.G.)	Corpus Inscriptionum Graecarum
CIGS (C.I.G.S.)	Corpus Inscriptionum Graecarum Graeciae Septentrionalis
CIL	Corpus Inscriptionum Latinarum
CRAI	Comptes rendus des séances/Académie des inscriptions des belles-lettres
DAI	Deutsches Archäologisches Institut
FD	Fouilles de Delphes
GGA	Göttingische gelehrte Anzeigen
GÖ	Niedersächsische Staats- und Universitätsbibliothek Göttingen
IG	Inscriptiones Graecae
NL	Nachlaß
PAW	Preußische Akademie der Wissenschaften zu Berlin
RA	Revue archéologique
REA	Revue des études anciennes
SB	Sitzungsberichte
SIG^3	Sylloge Inscriptionum Graecarum, editio tertia
SGDI	Sammlung der griechischen Dialektinschriften

https://doi.org/10.1515/9783111560847-003

Personenregister

https://doi.org/10.1515/9783111560847-004

Bei Fragen zur Produktsicherheit wenden Sie sich bitte an:
If you have any questions regarding product safety, please contact:

Walter de Gruyter
Genthiner Straße 13
10785 Berlin
productsafety@degruyterbrill.com